注册消防工程师资格考试辅导用书

2018年版

消防安全案例分析

模拟测试

主　编　罗　成
副主编　俞君峰　祁　闻　周　亮

中国劳动社会保障出版社

图书在版编目（CIP）数据

消防安全案例分析模拟测试：2018 年版 / 罗成主编．-- 北京：中国劳动社会保障出版社，2018

注册消防工程师资格考试辅导用书

ISBN 978-7-5167-3667-8

Ⅰ．①消… Ⅱ．①罗… Ⅲ．①消防–安全技术–案例–资格考试–习题集 Ⅳ．①TU998.1-44

中国版本图书馆 CIP 数据核字（2018）第 171808 号

中国劳动社会保障出版社出版发行

（北京市惠新东街 1 号 邮政编码：100029）

*

保定市中画美凯印刷有限公司印刷装订 新华书店经销

787 毫米 ×1092 毫米 16 开本 9 印张 209 千字

2018 年 7 月第 1 版 2018 年 9 月第 4 次印刷

定价：30.00 元

营销中心电话：（010）64962347

中国人事考试图书网网址：http：//rsks.class.com.cn

前　言

为满足应试人员全方位备考需求，准确理解注册消防工程师资格考试大纲和2018年版教材，更好地开展复习备考，我们特邀长期从事实践工作和教学研究的专家，对考试大纲和2018年版教材进行深入分析，对历年考试情况进行了系统梳理，结合知识点重要程度，组织编写了“注册消防工程师资格考试辅导用书”，包括模拟测试和考前冲刺两个系列。

模拟测试系列丛书，由贴近考试要求、考试题型和考试难度的模拟测试题组成，力求全面、真实地体现考试重点和考试难点，帮助应试人员进行考前测试，检验学习效果。书中还提供了模拟测试题参考答案及解析。

考前冲刺系列丛书，结合2018年版教材和标准规范内容，总结考试规律，对考点进行了全面梳理，以各章主要考点形式呈现，以便应试人员有的放矢，在有限时间内有效提高备考能力。为便于自我测评，图书最后附有一套模拟测试题，帮助应试人员进行考前冲刺。

需要特别说明的是，本套辅导用书的内容如有与现行国家消防技术标准规范不一致之处，应以国家的消防技术标准规范为准。

由于编者水平所限，加之时间仓促，书中难免存在不足，希望读者批评指正。有关意见建议，请发至邮箱 xfszgks@126.com。

目　录

消防安全案例分析模拟测试（一）

第一题

某寒冷地区公共建筑，地下 3 层，地上 40 层，建筑高度 176 m，总建筑面积 161 000 m^2，按照国家标准设置相应的消防设施。

该建筑室内消火栓系统采用消防水泵串联分区供水形式，分高、低区两个分区。消防水泵房和消防水池位于地下一层，设置低区消火栓泵 2 台（1 用 1 备）和高区消火栓转输泵 2 台（1 用 1 备），中间消防水泵房和转输水箱位于地上 7 层，设置高区消火栓加压泵 2 台（1 用 1 备），高区消火栓加压泵控制柜与消防水泵布置在同一房间。屋顶设置高位消防水箱和稳压泵等稳压装置。低区消火栓由中间转输水箱和低区消火栓泵供水，高区消火栓由屋顶消防水箱和高区消火栓转输泵、高区消火栓加压泵联锁启动供水。

室外消防用水由市政给水管网供水，室内消火栓和自动喷水灭火系统用水由消防水池保证，室内消火栓系统的设计流量为 40 L/s，自动喷水灭火系统的设计流量为 40 L/s。

维保单位对该建筑室内消火栓进行检查，情况如下：

（1）在地下消防水泵房对消防水池的有效容积、水位、供水管等情况进行了检查。

（2）在地下消防水泵房打开低区消火栓泵试验阀，低区消火栓泵没有启动。

（3）屋顶室内消火栓系统稳压装置气压水罐有效储水容积为 120 L；无法直接识别稳压泵出水管阀门的开闭情况，深入细查发现阀门处于关闭状态，稳压泵控制柜电源未接通，当场排除故障。管网的泄漏量为 1.8 L/s，系统的自启动流量为 2.1 L/s。

（4）检查屋顶消防水箱，发现水箱内的表面有结冰；水箱进水管管径为 *DN*25 mm，出水管管径为 *DN*75 mm；询问消防控制室消防水箱水位情况，控制室值班人员回答无法查看。

（5）在屋顶打开试验消火栓，放水 3 min 后测量栓口动压，测量值为 021 MPa；消防水枪充实水柱测量值为 11 m；询问消防控制室有关消防水泵和稳压泵的启动情况，控制室值班人员回答不清楚。

根据以上材料，回答下列问题（共 18 分，每题 2 分。每题的备选项中，有 2 个或 2 个以上符合题意，至少有一个错项。错选，本题不得分；少选，所选的每个选项得 0.5 分）：

1. 关于消防水泵的选择和应用，说法正确的是（　　）。

A. 单台消防水泵的最小额定流量不应小于 15 L/s

B. 消防给水同一泵组的消防水泵型号宜一致，且工作泵不宜超过 5 台

C. 消防水泵零流量时的压力不应大于设计工作压力的 140%，且宜大于设计工作压力的 120%

D. 流量扬程性能曲线应为无驼峰、无拐点的光滑曲线

E. 当出流量为设计流量的 150%时，其出口压力不应低于设计工作压力的 75%

2. 关于埋地管道，说法正确的是（　　）。

A. 当系统工作压力大于 1.20 MPa 小于 1.60 MPa 时，采用球墨铸铁管

B. 当系统工作压力大于 1.20 MPa 小于 1.60 MPa 时，采用钢丝网骨架塑料复合管

C. 当系统工作压力大于 1.20 MPa 小于 1.60 MPa 时，采用加厚钢管

D. 当系统工作压力大于 1.60 MPa 时，采用无缝钢管

E. 当系统工作压力不大于 1.20 MPa 时，采用钢丝网骨架塑料复合管

3. 关于该建筑室内消火栓系统的维护管理，说法正确的是（　　）。

A. 每日应对柴油机消防水泵的启动电池的电量进行检测

B. 每年应监测市政给水管网的压力和供水能力

C. 每周应检查储油箱的储油量

D. 每月应对消防水泵的出流量和压力进行一次试验

E. 每季应对减压阀的流量和压力进行一次试验

4. 关于离心式消防水泵吸水管、出水管和阀门，说法正确的是（　　）。

A. 一组消防水泵，吸水管不应少于两条，当其中一条损坏或检修时，其余吸水管应仍能通过至少 50% 的消防给水设计流量

B. 消防水泵出水管布置应避免形成气囊

C. 消防水泵吸水口采用旋流防止器时，淹没深度不应小于 200 mm

D. 消防水泵的吸水管上应设置暗杆闸阀或带自锁装置的蝶阀

E. 消防水泵吸水管的直径小于 *DN*250 mm 时，其流速宜为 1.0 ~ 1.2 m/s；直径大于 *DN*250 mm 时，宜为 1.2 ~ 1.6 m/s

5. 关于分区供水，说法正确的是（　　）。

A. 自喷系统喷头处的工作压力大于 1.2 MPa 时，应分区供水

B. 采用减压阀分区供水时，每一供水分区应设不少于两组减压阀组，每一分区应设一备用减压阀组

C. 减压阀前应设置安全阀，安全阀的开启不应影响系统的供水安全性

D. 采用消防水泵转输水箱串联供水时，转输水箱容积不应小于 60 m^3

E. 采用减压水箱分区供水时，减压水箱有效容积不应小于 18 m^3

6. 关于自动喷水灭火系统现场检查，说法正确的是（　　）。

A. 闭式喷头密封性能试验，从每批次喷头中抽取 5 只进行测试

B. 闭式喷头密封性能试验，若第一次测试有且仅有一只不合格，应再抽取 2% 且不少于 10 只重新进行密封性能试验

C. 闭式喷头密封性试验，试验压力应为 3 MPa，保压时间不少于 3 min

D. 报警阀渗漏试验压力应为 3 MPa，保压时间不少于 5 min

E. 报警阀和控制阀应有水流方向的永久性标志

7. 关于该建筑高位消防水箱，说法错误的是（　　）。

A. 吸水口当采用防止旋流器时应根据产品确定最低有效水位，且不应小于 200 mm 的保护高度

B. 高位消防水箱外壁与建筑本体结构墙面或其他池壁之间的净距，无管道的侧面，净距不宜小于 0.6 m

C. 设有人孔的水箱顶，其顶面与其上面的建筑物本体板底的净空不应小于 0.7 m

D. 溢流管的直径不应小于进水管直径的 2 倍，且不应小于 *DN*65 mm

E. 进水管的管径应满足消防水箱 8 h 充满水的要求，但管径不应小于 *DN*32 mm，进水管宜设置液位阀或浮球阀

8. 关于稳压装置，说法正确的是（　　）。

A. 稳压泵设计流量可以为 2.4 L/s

B. 采用单吸单级或单吸多级离心泵

C. 稳压泵外壳为球墨铸铁，叶轮为不锈钢

D. 当采用气压水罐时，其调节容积应根据稳压泵启泵次数不大于 12 次 /h 计算确定，但有效储水容积不宜小于 120 L

E. 稳压泵吸水管应设置消声止回阀和明杆闸阀

9. 关于减压阀及减压水箱，说法正确的是（　　）。

A. 减压阀的阀前阀后压力比值不宜大于 3 ∶ 1

B. 减压阀仅应设置在双向流动的供水管上，不应设置在有单向流动的输水干管上

C. 减压阀宜采用先导式减压阀，当超过 1.20 MPa 时，宜采用比例式减压阀

D. 减压阀前应设置安全阀

E. 减压水箱进水管应设置防冲击和溢水的技术措施，并宜在进水管上设置紧急关闭阀门，溢流水宜回流到消防水池

第二题

某消防大队对某 4 层、占地面积 4 000 m^2 的服装加工厂进行消防检查。经询问了解，该单位由分管安全生产的副总经理张某担任企业的消防安全责任人，并聘用了王某为单位的消防安全管理人。在检查过程中发现在生产场所有未完全熄灭的烟头；有一个安全出口为了防止员工无故脱岗而上了锁；为了物料转输方便，用木棍将某常闭防火门撑开使其成为常开状态。为了防盗，该加工厂各层窗户的外面均安装了不可拆卸的钢防护网。由于停车位紧张，该服装加工厂周围的部分车道宽度不足 3 m。

该企业采用燃烧性能为 B_1 级内保温装修，按国家规范要求配置了相应的消防设施。

根据以上材料，回答下列问题（共18分，每题2分。每题的备选项中，有2个或2个以上符合题意，至少有一个错项。错选，本题不得分；少选，所选的每个选项得0.5分）：

1. 消防安全责任人应当履行的消防安全职责包括（　　）。
A. 组织制定符合本单位实际的灭火和应急疏散预案，并实施演练
B. 根据消防法规的规定建立专职消防队、志愿消防队
C. 组织防火检查，督促落实火灾隐患整改，及时处理涉及消防安全的重大问题
D. 组织制定消防安全管理制度和保障消防安全的操作规程，并检查督促其落实
E. 组织实施防火检查和火灾隐患整改工作

2. 本题中，单位应当责成有关人员当场改正并督促落实的是（　　）。
A. 用木棍将某常闭防火门撑开使其成为常开状态
B. 在具有火灾危险的场所吸烟
C. 消防设施管理、值班人员脱岗
D. 违章进入生产、储存易燃易爆危险物品场所的
E. 违章关闭消防设施、切断消防电源的

3. 下列属于消防安全重点单位培训内容的是（　　）。
A. 有关消防法规、消防安全制度和保障消防安全的操作规程
B. 组织实施防火检查
C. 本单位、本岗位的火灾危险性和防火措施
D. 有关消防设施的性能、灭火器材的使用方法
E. 报火警、扑救初起火灾以及自救逃生的知识和技能

4. 消防安全重点单位制定的灭火和应急疏散预案的内容包括（　　）。
A. 组织机构
B. 报警和接警处置程序
C. 应急疏散的组织程序和措施
D. 扑救中期火灾的程序和措施
E. 通信联络、安全防护救护的程序和措施

5. 下列属于消防档案中消防安全基本情况的是（　　）。
A. 消防设施、灭火器材情况
B. 专职消防队、志愿消防队人员及其消防装备配备情况
C. 与消防安全有关的重点工种人员情况
D. 新增消防产品、防火材料的合格证明材料
E. 消防机构填发的各种法律文书

6. 下列属于消防档案中消防安全管理情况的是（　　）。
A. 消防机构填发的各种法律文书

B. 火灾隐患及其整改情况记录

C. 防火检查、巡查记录

D. 灭火和应急疏散预案

E. 有关燃气、电气设备检测（包括防雷、防静电）等记录资料

7. 当建筑外墙采用内保温系统时，下列说法正确的是（　　）。

A. 对于人员密集场所，应采用燃烧性能为 A 级的保温材料

B. 用火、燃油、燃气等具有火灾危险性的场所，应采用燃烧性能为 A 级的保温材料

C. 建筑内的疏散楼梯间、避难走道、避难间、避难层等场所或部位，应采用燃烧性能为 A 级的保温材料

D. 保温系统应采用不燃材料做防护层。采用燃烧性能为 B_1 级的保温材料时，防护层的厚度不应小于 15 mm

E. 对于其他场所，可采用燃烧性能不低于 B_1 级的保温材料

8. 根据《中华人民共和国消防法》的规定，有下列（　　）行为之一的，责令改正，处五千元以上五万元以下罚款。

A. 占用、堵塞、封闭疏散通道、安全出口或者有其他妨碍安全疏散行为的

B. 占用、堵塞、封闭消防车通道，妨碍消防车通行的

C. 人员密集场所在门窗上设置影响逃生和灭火救援的障碍物的

D. 对火灾隐患经消防机构通知后不及时采取措施消除的

E. 依法应当进行消防验收的建设工程，未经消防验收或者消防验收不合格，擅自投入使用的

9. 下列场所中，应设置环形消防车道的是（　　）。

A. 建筑高度为 23.5 m 的教学楼

B. 2 500 个座位的会堂

C. 2 800 个座位的体育馆

D. 占地面积 3 100 m^2 的商场

E. 占地面积 1 800 m^2 的木材仓库

第三题

某电子制品厂房，地上 3 层，建筑高度 15 m。钢筋混凝土结构，耐火等级二级，每层建筑面积均为 8 500 m^2，划分为 1 个防火分区。共设置 4 部不靠外墙且疏散楼梯净宽度均为 1.10 m 的敞开楼梯间。该厂房内首层东侧设有建筑面积为 500 m^2 的独立办公、休息区，与其他部位采用耐火极限 2.00 h 的防火隔墙、1.50 h 的楼板和乙级防火门进行分隔，通过该门进行疏散；地上二层南侧设有一间靠外墙布置、建筑面积为 60 m^2 的中间仓库，与其他部位采用耐火极限 3.00 h 的防火墙和耐火极限 1.50 h 的不燃性楼板分隔，储存主要成分均为乙醇等化学清洗剂；地上二层南侧设有一间靠外墙布置、建筑面积为 300 m^2 的烤漆间，与其他部位采用耐火极限 2.00 h 的防火隔墙分隔；中间仓库、喷漆间与其他部位之间分别设置门斗，门斗的隔墙为耐火极限 2.00 h 的防火隔墙，门斗两侧的门均为甲级防火门

（门斗的两个门均错开设置）；地上二层设有4个车间，车间之间通过净宽度均为1.30 m的疏散走道分隔，疏散走道两侧均采用耐火极限1.00 h的不燃烧体隔墙；除首层外门净宽度为1.20 m外，其他门的净宽度均为0.90 m；厂房内任一点至最近安全出口的直线距离均不大于75 m。该厂房按现行有关国家工程建设消防技术标准配置了各类消防设施。

该厂房东侧为锅炉房，耐火等级为二级，防火间距为12 m。南侧为某金属抛光车间，耐火等级为二级，建筑高度为26 m，防火间距为12 m。北侧为某单层甲醇仓库，耐火等级二级，建筑高度4 m，甲醇最大储量12 t，防火间距为14 m。西侧为某单层木器厂房，耐火等级二级，建筑高度5 m，防火间距为10 m。

在该厂房四周设置了环形消防车道，消防车道距离建筑外墙4 m。在该厂房的第二、第三层均设置了两个消防救援窗口。窗口的净高度和净宽度均为1.2 m，且间距为15 m。

根据以上材料，回答下列问题（共24分）：

1. 该厂房防火分区是否合理？如不合理，应如何改正？

2. 该厂房防火分隔是否合理？如不合理，应如何改正？

3. 该厂房消防救援设施是否合理？并说明理由。

4. 该厂房安全疏散方面是否存在不合理的地方？请说明理由。

5. 该厂房与周围建筑的防火间距是否符合要求？如不符合，最小防火间距应为多少？

第四题

消防技术服务机构对某商业大厦中的湿式自动喷水灭火系统进行验收前检测，该大厦地上5层，地下1层，建筑高度22.8 m，层高均为4.5 m，每层建筑面积均为1 080 m^2。五层经营地方特色风味餐饮，一至四层经营服装、手机、电脑等。地下一层为停车库及设备用房。该大厦顶层的钢屋架采用自动喷水灭火系统保护，其给水管网串联接入大厦湿式自动喷水灭火系统的配水干管。大厦屋顶设置符合国家标准要求的高位消防水箱及稳压泵，消防水池和消防水泵房均设置在地下一层。消防水池为两路供水，有效容积为105 m^3 且无消防水泵吸水井，自动喷水灭火系统的供水泵为两台流量为40 L/s，扬程为0.85 MPa的卧式离心水泵（1用1备）。

检查时发现：钢屋架处的自动喷水管网未设置独立的湿式报警阀，且未安装水流指示器，消防技术服务机构人员认为这种做法是错误的，随后又发现如下情况：消防水泵出水口处的止回阀下游与明杆闸阀之间的管路上安装了压力表，但吸水管路上未安装压力表；湿式报警阀的报警口与延迟器之间的阀门处于关闭状态，业主解释说，此阀一开，报警阀就异常灵敏且频繁动作报警。检测人员对与湿式报警阀相关的管路及附件、控制线路、模块、压力开关等进行了全面检查，未发现异常。

消防技术服务机构人员将末端试水装置打开，湿式报警阀、压力开关相继动作，主泵启动，运行5 min后，在业主建议下，将其余各层喷淋系统给水管网上的试水阀打开，观察给水管网是否通畅。全部试水阀打开10 min后，主泵虽仍运行，但出口压力显示为零；切换至备用泵试验，结果同前。经检查，电气设备、主备用水泵均无故障。

根据以上材料，回答下列问题（共20分）：

1. 水泵出水管路处压力表的安装位置是否正确？并说明理由。

2. 水泵吸水管上应安装与出水管上相同规格型号的压力表，这种说法是否正确？并说明理由。

3. 消防技术服务机构人员认为该大厦钢屋架处独立的自动喷水管网上应安装湿式报警阀及水流指示器，这种说法是否正确？并简述理由。

4. 分析有可能导致报警阀异常灵敏且频繁启动的原因，并给出解决办法。

5. 分析有可能导致自动喷水灭火系统主、备用水泵出水管路压力为零的原因。

第五题

某商业大厦按规范要求设置了火灾自动报警系统、自动喷水灭火系统以及气体灭火系统等建筑消防设施，消防技术服务机构受业主委托，对相关消防设施进行检测。有关情况如下：

1. 火灾自动报警设施功能性检测

消防技术服务机构人员切断火灾报警控制器主电源，控制器显示主电故障，选择 2 只感烟探测器加烟测试，控制器正确显示报警信息，5 min 后，控制器自行关机，恢复控制器主电源供电，控制器重新开机工作正常，现场拆下一只探测器，将探测器底座上的总线信号端子短路，控制器上显示48条探测器故障信息，检测过程中控制器显示屏上显示2只感烟探测器报故障情况。据值班人员介绍，经常有此类故障出现，一般取下后用高压气枪吹扫几次即可恢复正常。检测人员在现场找到故障探测器，取下后用高压气枪吹扫，然后重新安装到原来位置，其中一只探测器恢复正常，另一只探测器故障依然存在；更换新的探测器后，该故障依然存在。

该商业大厦中庭高15 m，设置了1台管路吸气式火灾探测器，安装在距地面1.5 m高的墙面上，探测器采样管路长90 m，垂直管路上每隔4 m设置一个采样孔，消防技术服务机构人员随机选择一个采样孔加烟进行报警功能测试，125 s后探测器报警；封堵末端采样孔后，120 s时探测器报气流故障。

2. 自动喷水灭火系统联动控制功能检测

消防技术服务机构人员开启末端试水装置，湿式报警阀、压力开关随之动作，但喷淋泵一直未启动，再将火灾报警控制器的联动启泵功能设置为自动方式后，喷淋泵自动启动。

3. 气体灭火联动控制功能检测

配电室设置了5套七氟丙烷气体灭火装置，消防技术服务人员加烟触发配电室内一只感烟探测器报警，再加温触发一只感温探测器报警，配电室内声光报警器随之启动，但气体灭火器一直没有输出灭火启动及联动控制信号；按下气体灭火控制器上的启动按钮，气体灭火控制器仍然未输出灭火启动及联动控制信号。经查，确认气体灭火控制连接线路及接线均无问题。

根据以上材料，回答下列问题（共20分）：

1. 指出火灾自动报警系统存在的问题，并简要说明原因。

2. 指出消防技术服务机构检测人员处理探测器故障的方式是否正确并说明理由。探测器故障的原因可能有哪些？

3. 指出吸气式探测器设置功能及测试方法有哪些不符合规范之处，并说明理由。

4. 指出自动喷水灭火系统的喷淋泵启动控制是否符合规范要求，并说明理由。

5. 指出配电室气体灭火控制功能不符合规范之处，并说明理由。

6. 气体灭火控制器没有输出灭火启动及联动控制信号的原因主要有哪些？

第六题

某框架架构仓库，地上 6 层，地下 1 层，层高 3.8 m，占地面积 6 000 m^2，地上每层建筑面积均为 5 600 m^2。仓库各建筑构件均为不燃性构件，其耐火极限见下表。

构建名称	防火墙	承重墙、柱	楼梯间、电梯井的墙	梁	疏散走道两侧的隔墙、楼板、上人屋面板、屋顶承重构件、疏散楼梯	非承重外墙
耐火极限（h）	4.00	2.50	2.00	1.50	1.00	0.25

仓库一层储存桶装润滑油；二层储存水泥刨花板；三至六层储存毛皮制品，地下室储存玻璃制品，每件玻璃制品重 100 kg，其木质包装重 20 kg。

该仓库地下室建筑面积为 1 000 m^2。一层内靠西侧外墙设置建筑面积为 300 m^2 的办公室、休息室和员工宿舍，这些房间与库房之间设置一条走道，且直通室外。走道与库房之间采用防火隔墙和楼板分隔，其耐火极限分别为 2.50 h 和 1.00 h。走道通向仓库的门采用双向弹簧门。仓库内的每个防火分区分别设置两个安全出口，两个安全出口之间距离 12 m，疏散楼梯采用封闭楼梯间，通向疏散走道或楼梯间的门采用能阻挡烟气侵入的双向弹簧门。该建筑的消防设施和其他事项符合国家消防标准要求。

根据以上材料，回答下列问题（共 20 分）：

1. 判断该仓库的耐火等级。

2. 确定该仓库及其各层的火灾危险性分类。

3. 指出该仓库在层数、面积和平面布置中存在的不符合国家标准的问题，并给出解决方法。

4. 该仓库各层至少应划分几个防火分区？

5. 指出该建筑在安全疏散方面存在的问题，并提出整改措施。

6. 拟在地下室东侧设置一个25 m^2的甲醇桶装仓库，甲醇仓库与其他部位之间采用耐火极限不低于4.00 h的防爆墙分隔，防爆墙上设置防爆门，并设置一部直通室外的疏散楼梯，这种做法是否可行？此时，该地下室的火灾危险性应划分为哪一类？

消防安全案例分析模拟测试（二）

第一题

某居住小区由 4 座建筑高度为 69.0 m 的 23 层单元式住宅楼和 4 座建筑高度为 54.0 m 的 18 层单元式住宅楼组成。设备机房设地下一层（标高为 –5.0 m）。小区南北侧市政道路上各有一条 *DN*300 mm 的市政给水管，供水压力为 0.25 MPa，小区所在地区冰冻线深度为 0.85 m。

住宅楼的室外消火栓设计流量为 15 L/s，23 层住宅楼和 18 层住宅楼的室内消火栓设计流量分别为 20 L/s、10 L/s；火灾延续时间为 2 h，小区消防给水与生活用水共用，采用两路进水环状管网供水，在管网上设置了室外消火栓，室内采用湿式临时高压消防给水系统，其消防水池、消防水泵房设置在一座住宅楼的地下一层，高位消防水箱设置在其中一座 23 层高的住宅楼屋顶，消防水池两路进水，火灾时考虑补水，每条进水管的补水量为 50 m^3/h，消防水泵控制柜与消防水泵设置在同一房间，系统管网泄漏量测试结果为 0.75 L/s，高位消防水箱出水管上设置流量开关，动作流量设定值为 1.75 L/s。

消防水泵性能和控制柜性能合格，室内外消火栓系统验收合格。竣工验收一年后，在对系统进行季度检查时，打开试水阀，高位消防水箱出水管上的流量开关动作，消防水泵无法自动启动；消防控制中心值班人员按下手动专用线路按钮后，消防水泵仍不启动，值班人员到消防水泵房操作机械应急开关后，消防水泵启动。经维修消防控制柜后，恢复正常。

在竣工验收三年后的日常运行中，消防水泵经常发生误动作，勘察原因后发现，高位消防水箱的补水量与竣工验收时相比，增加了 1 倍。

根据以上材料，回答下列问题（共 16 分，每题 2 分。每题的备选项中，有 2 个或者 2 个以上符合题意，至少有一个错项。错选，本题不得分；少选，所选的每个选项得 0.5 分）：

1. 两路补水时，下列消防水池符合现行国家标准的有（　　）。

A. 有效容积为 4 m^3 的消防水池

B. 有效容积为 24 m^3 的消防水池

C. 有效容积为 44 m^3 的消防水池

D. 有效容积为 55 m^3 的消防水池

E. 有效容积为 60 m^3 的消防水池

2. 下列室外埋地消防给水管道的设计管顶覆土厚度中，符合现行国家标准的有（　　）m。

A. 0.70

B. 1.00

C. 1.10

D. 1.15

E. 1.25

3. 下列室外消火栓的设置中，符合现行国家标准的有（　　）。

A. 保护半径150 m

B. 间距120 m

C. 扑救面一侧不宜少于2个

D. 距离路边0.5 m

E. 距离建筑物外墙2 m

4. 根据现行国家标准，室内消火栓系统竣工验收时，应检查的内容有（　　）。

A. 消火栓设置位置

B. 栓口压力

C. 消防水带长度

D. 消火栓安装高度

E. 消火栓试验强度

5. 下列消防水泵控制柜的IP等级中，符合现行国家标准的是（　　）。

A. IP25

B. IP35

C. IP45

D. IP55

E. IP65

6. 工程竣工验收时应测试的消防水泵性能有（　　）。

A. 电机功率全覆盖性能曲线

B. 设计流量和扬程

C. 零流量的压力

D. 1.5设计流量的压力

E. 水泵控制功能

7. 对系统进行季度检查时发现，消防水泵的自动和远程手动启动功能均失效，机械应急启动功能有效，消防水泵控制柜故障的可能原因有（　　）。

A. 控制回路继电器故障

B. 控制回路电气线路故障

C. 主电源故障

D. 交流接触器电磁系统故障

E. 信号输出模块故障

8. 针对消防水泵经常误动作，下列整改措施中可行的有（　　）。

A. 检测管道漏水点并补漏

B. 更换流量开关

C. 关闭高位消防水箱的出水管

D. 调整流量开关启动流量到 2.5 L/s

E. 更换控制柜

第二题

某购物中心地上 6 层，地下 3 层，总建筑面积 126 000 m^2，建筑高度 35.0 m。地上一至五层为商场，六层为餐饮。地下一层为超市、汽车库，地下二层为发电机房、消防水泵房、空调机房、排烟风机房等设备用房和汽车库，地下三层为汽车库。

2017 年 6 月 5 日，当地消防机构对购物中心进行消防监督检查，购物中心消防安全管理人首先汇报了自己的履职情况，实施和组织落实了以下几项工作：（1）拟订年度消防工作计划，组织实施日常消防安全管理工作；（2）组织制定消防安全制度和保障消防安全的操作规程并检查监督促其落实；（3）组织实施防火检查工作；（4）组织实施单位消防设施、灭火器材和消防安全标志的维护保养，确保其完好有效；（5）组织管理志愿消防队；（6）在员工中组织开展消防知识、技能的宣传教育和培训，组织灭火和应急疏散预案的实施和演练。

然后，检查组对该购物中心的消防安全管理档案进行了检查，其中包括：消防安全教育、培训，防火检查、巡查，灭火和应急疏散预案演练，消防控制室值班，用火用电管理，易燃易爆危险物品和场所防火防爆，志愿消防队的组织管理，燃气和电气设备的检查和管理及消防安全考评和奖惩等消防安全管理制度。检查组还对 2017 年的消防教育培训的计划和内容进行检查，根据资料该单位消防培训的内容有消防法规、消防安全制度和保障消防安全的操作规程；本单位的火灾危险性和防火措施；灭火器材的使用方法；报火警和扑救初起火灾的知识和技能等。

最后，检查组对该购物中心进行了实地检查。在检查中发现：个别防火卷帘无法手动起降或防火卷帘下堆放商品；个别消火栓被遮挡；部分疏散指示标志损坏；少数灭火器压力不足；承租方正在对三层部分商场（约 6 000 m^2）进行重新装修并拟改为儿童游乐场所，未向当地消防机构申请消防设计审核。在检查消防控制室时，消防监督员对消防控制室的值班人员现场提问：“接到火灾警报后，你如何处置？”值班员回答：“接到火灾警报后，通过对讲机通知安全巡查人员携带灭火器到现场核实火情，确认发生火灾后，立即将火灾报警联动控制开关转换为自动状态，启动消防应急广播，同时拨打保安经理电话，保安经理同意后拨打‘119’报警。报警时说清火灾地点、起火部位、着火物种类和火势大小，留下姓名和联系电话，报警后到路口迎接消防车。”

根据以上材料，回答下列问题（共 20 分，每题 2 分。每题的备选项中，有 2 个或者 2 个以上符合题意，至少有一个错项。错选，本题不得分；少选，所选的每个选项得 0.5 分）：

1. 根据《机关、团体、企业、事业单位消防安全管理规定》（公安部令第 61 号），消防安全管理人还应当实施和组织落实的消防安全管理工作有（　　）。

A. 确定逐级消防安全责任

B. 确保疏散通道和安全出口畅通

C. 拟订消防安全工作的资金投入和组织保障方案

D. 组织实施火灾隐患整改工作

E. 招聘消防控制室值班人员

2. 根据《机关、团体、企业、事业单位消防安全管理规定》（公安部令第 61 号），该购物中心还应制定（　　）。

A. 安保组织制度

B. 安全疏散设备管理制度

C. 火灾隐患整改制度

D. 安全生产例会制度

E. 消防设施、器材维护管理制度

3. 根据《机关、团体、企业、事业单位消防安全管理规定》（公安部令第 61 号），该购物中心应确定为消防安全重点部位的有（　　）。

A. 空调机房

B. 消防控制室

C. 汽车库

D. 发电机房

E. 消防水泵房

4. 根据《机关、团体、企业、事业单位消防安全管理规定》（公安部令第 61 号），该购物中心消防档案中必须存放（　　）。

A. 灭火和应急疏散预案

B. 灭火和应急疏散预案的演练记录

C. 消防控制室值班人员的消防控制室操作职业资格证书

D. 消防设施的设计图

E. 消防安全培训记录

5. 下列人员中，可以作为该购物中心志愿消防队员成员的有（　　）。

A. 该单位的消防安全责任人

B. 该单位的消防安全管理人

C. 该单位的营业员

D. 维保公司维保该单位消防设施的技术人员

E. 该单位的保安员

6. 根据《机关、团体、企业、事业单位消防安全管理规定》（公安部令第 61 号），该购物中心的演练记录除了记明演练时间和参加部门，还应当记明演练的（　　）。

A. 经费

B. 地点

C. 内容

D. 灭火器型号和数量

E. 参加人员

7. 根据《机关、团体、企业、事业单位消防安全管理规定》（公安部令第 61 号），2017 年该购物中心的消防宣传教育和培训内容还应有（　　）。

A. 消防控制室值班人员的操作职业资格

B. 有关现行国家消防技术标准

C. 该消防设施的性能

D. 自救逃生的知识和技能

E. 组织、引导在场群众疏散的知识和技能

8. 检查中发现的下列火灾隐患，根据《机关、团体、企业、事业单位消防安全管理规定》（公安部令第 61 号），应当责成当场改正的有（　　）。

A. 防火卷帘无法手动起降

B. 防火卷帘下堆放商品

C. 消火栓被遮挡

D. 疏散指示标志损坏

E. 灭火器压力不足

9. 对承租方将部分商场改为儿童游乐场所的行为，根据《中华人民共和国消防法》，消防机构应责令停止施工并处罚款，罚款额度符合规定的有（　　）。

A. 一万元以上五万元以下

B. 二万元以上十万元以下

C. 三万元以上十五万元以下

D. 四万元以上二十万元以下

10. 消防控制室值班人员的回答内容中，不符合《消防控制室通用技术要求》（GB 255066）规定的有（　　）。

A. 接到火灾警报后，通过对讲机通知安全巡视人员携带灭火器到达现场进行火情核实

B. 确认火灾后，立即将火灾报警联动控制开关转入自动状态，启动消防应急广播

C. 拨打保安经理电话，保安经理同意后拨打“119”报警

D. 报警时说明火灾地点、起火部位、着火物种类和火势大小，留下姓名和联系电话

E. 报警后到路口迎接消防车

第三题

某高层建筑，设计建筑高度为 68.0 m，总建筑面积为 91 200 m^2。标准层的建筑面积为

2 176 m^2，每层划分为 1 个防火分区：一至二层为上、下连通的大堂，三层设置会议室和多功能厅，四层以上用于办公；建筑的耐火等级设计为二级，其楼板、梁和柱的耐火极限分别为 1.00 h、2.00 h 和 3.00 h。高层主体建筑附建了 3 层裙房，并采用防火墙及甲级防火门与高层主体建筑进行分隔；高层主体建筑和裙房的下部设置了 3 层地下室。高层主体建筑设置了 1 部消防电梯，从首层大堂直通至顶层；消防电梯的前室在首层和三层采用防火卷帘和乙级防火门与其他区域分隔，在其他各层均采用乙级防火门和防火隔墙进行分隔。高层建筑内的办公室均为非开敞办公室，最大一间办公室的建筑面积为 98 m^2。办公室的最多使用人数为 10 人，人数最多的一层为 196 人。办公室内的最大疏散距离为 23 m，直通疏散走道的房间门至最近疏散楼梯间前室入口的最大距离为 18 m，且房间门均向办公室内开启，不影响疏散走道的使用。核心筒内设置了 1 座防烟剪刀楼梯间用于高层主体建筑的人员疏散，楼梯梯段以及从楼层进入疏散楼梯间前室和楼梯间的门的净宽度为 1.10 m，核心筒周围采用环形走道与办公区分离，走道隔墙的耐火极限为 2.00 h。高层主体建筑的三层增设了 2 座直通地面的防烟楼梯间。裙房的一至二层为商店，三层为展览厅，首层的建筑面积为 8 100 m^2，划分为 1 个防火分区；二、三层的建筑面积均为 7 640 m^2，分别划分为 2 个建筑面积不大于 4 000 m^2 的防火分区；一至三层设置了一个上下连通的中庭，除首层采用符合要求的防火卷帘分隔外，二、三层的中庭与周围连通空间的防火分隔为耐火极限为 1.5 h 的非隔热性防火玻璃墙。高层建筑地下一层设置餐饮、超市和设备室；地下二层为人防工程和汽车库、消防水泵房、消防水池、燃油锅炉房、变配电室（干式）等；地下三层为汽车库。地下各层均按标准要求划分了防火分区；其中，人防工程区的建筑面积为 3 310 m^2，设置了歌厅、洗浴桑拿房、健身用房及影院，并划分为歌厅、洗浴桑拿与健身、影院三个防火分区，建筑面积分别为 820 m^2、1 110 m^2 和 1 380 m^2。该高层建筑的室内消火栓箱内按要求配置了水带、水枪和灭火器。该高层主体建筑及裙房的消防应急照明的备用电源可连续保障供电 60 min，消防水泵、消防电梯等建筑内的全部消防用电设备的供电均能在这些设备所在防火分区的配电箱处自动切换。该高层建筑防火设计的其他事项均符合国家标准。

根据上述材料，回答下列问题（共 24 分）：

1. 指出该高层建筑在结构耐火方面的问题，并给出正确做法。

2. 指出该高层建筑在平面布置方面的问题，并给出正确做法。

3. 指出该高层建筑在防火分区与防火分隔方面的问题，并给出正确做法。

4. 指出该高层建筑在安全疏散方面的问题，并给出正确做法。

5. 指出该高层建筑在灭火救援设施方面的问题，并给出正确做法。

6. 指出该高层建筑在消防设施与消防电源方面的问题，并给出正确做法。

第四题

某大型综合体建筑，地下 3 层，地上 26 层，一至四层为裙房，建筑高度 22.5 m，五层以上为塔楼，总建筑高度为 100.5 m，总建筑面积约 12 万 m^2（其中裙房部分的建筑面积约 3.4 万 m^2）。该建筑各层功能用途如下：地下一至三层为设备用房及地下车库，地上一至三层为商场，四层为超市（层高 5.6 m），5 ~ 26 层为办公楼与酒店。

该建筑内设置有自动喷水灭火系统，地下车库采用预作用自动喷水灭火系统，其他区域采用湿式自动喷水灭火系统。商场内吊顶为石膏板吊顶，超市内采用通透率 85% 的格栅类吊顶，吊顶距顶板 1.2 m，采用下垂型喷头，位于吊顶下方。地下车库均不设吊顶。该商业建筑在地下二层设有 1 200 m^3 的消防水池一座，水池的有效容积和补水时间均符合要求。经计算确定的消防水池进水管直径为 *DN*75 mm。消防水泵的吸水管设置了控制阀和压力表；出水管设置了控制阀和压力表。消防屋顶消防水箱间内设有消防稳压装置及 36 m^3 消防水箱一座。

检测时发现，该建筑为了美观，其末端试水装置均设置在吊顶内。

根据以上材料，回答下列问题（共 20 分）：

1. 试简述湿式报警阀调试时应满足的要求。

2. 对于自动喷水灭火系统，简述其验收合格的标准。

3. 该建筑消防设施存在哪些问题？

4. 消防水泵验收时应满足哪些要求？

第五题

某商业中心地上 7 层，地下 3 层，耐火等级一级，建筑屋面为坡屋面，建筑室外设计地面至其檐口的高度为 27 m，建筑室外设计地面至其屋脊的高度为 30 m，局部突出屋顶的冷却塔、水箱间、电梯机房以及楼梯出口小间等辅助用房的建筑面积为 600 m^2，每层建筑面积均为 11 000 m^2，并设置了防烟楼梯间、封闭楼梯间、室外疏散楼梯、电梯和自动扶梯。该商业中心按有关国家工程建设消防技术标准配置了自动喷水灭火系统、火灾自动报警系统和建筑灭火器等消防设施及器材。

该购物中心 1 ~ 4 层设置中庭，定期举办服装皮具促销活动。采用耐火完整性 1.0 h 的防火玻璃墙进行分隔，中庭设置了防烟设施。

某歌舞厅位于该商业中心的地下一层至地上四层。位于地下一层的歌舞厅包房建筑面积分为三种，分别为 180 m^2、240 m^2 和 400 m^2。歌舞厅各包房间采用耐火极限为 2.0 h 的防火隔墙和 1.00 h 的不燃性楼板与其他单元或场所进行防火分隔，疏散门为乙级防火门。最大包间的房间内到疏散门的距离为 12 m。该商业中心的地下一层到地下三层的局部，还设置了商业营业厅。柴油发电机房设置在地下三层。地上一层到七层局部设置了商业营业厅、餐厅等。在 4 层设置儿童娱乐中心。在 6 层设置电影院，设置了 3 种厅室，建筑面积分别为 260 m^2、390 m^2 和 480 m^2。采用耐火极限不低于 2.00 h 的防火隔墙和乙级防火门与其他区域分隔，与商场共用楼梯间。

根据以上材料，回答下列问题（20 分）：

1. 该建筑平面布置是否合理？为什么？

2. 该建筑防火分隔是否合理？为什么？

3. 该建筑中庭的布置是否合理？为什么？

4. 该建筑安全疏散是否存在问题？为什么？

第六题

消防技术服务机构受托对某南方城市的候机大厅进行消防设施的专项检查。该候机大厅火灾自动报警系统采用一路从发电厂引来的电源和蓄电池组供电，双电源切换时间控制在 10 s 以内。消防用电设备与照明设备共用供电回路。考虑到系统供电的安全性，火灾自动报警系统主电源设置了剩余电流动作保护装置。火灾报警控制器显示 6 只线型光束感烟探测器被屏蔽，2 只防火阀模块故障，8 只普通感温探测器被屏蔽。

现场手动报警按钮 2 400 个，感烟探测器 1 200 只，感温探测器 800 只，输入输出控制模块 600 只。

对火灾自动报警系统进行测试，过程如下：切断控制器与备用电源之间的连接，控制器无异常显示；恢复控制器与备用电源之间的连接，切断火灾报警控制器的主电源，控制器自动切换到备用电源工作，显示主电故障；测试 9 只感温探测器，7 只正常报警，2 只不报警。恢复控制器主电源，控制器启动并正常工作；使探测器底座上的总线接线端子短路，控制器在 120 s 显示该探测器所在回路总线故障。

检测蓄电池容量和输出功率，该蓄电池的输出功率为火灾自动报警及联动控制系统全负荷功率的 1.1 倍，可保证火灾自动报警及联动控制系统在火灾状态同时工作负荷条件下连续工作 2 h。

触发满足防烟排烟系统启动条件的报警按钮，消防联动控制器发出了同时启动 4 个防火门和 4 个挡烟垂壁的控制信号，控制器显示了 2 个防火门和 2 个挡烟垂壁开启的反馈信号。

根据以上材料，回答下列问题（共 20 分）：

1. 该候机大厅至少需要多少只火灾报警控制器和联动控制器？

2. 根据检查情况指出消防供电及火灾报警系统存在的问题。

3. 线型感烟探测器的安装应符合哪些要求？

消防安全案例分析模拟测试（三）

第一题

某互联网企业，在南方某市设立计算机设备中心，采用七氟丙烷组合分配系统进行保护。检查发现，气体灭火管道末端采用防晃支架固定，支架与末端喷嘴间的距离为600 mm。管道穿越楼板处安装了套管，套管长度高出地板50 mm，从套管的缝隙可以看到楼下。该气体灭火装置同一规格的驱动气体储存容器和灭火剂储存容器的高度差均为15 mm。气动驱动装置储存容器内气体压力为设计压力的110%。

根据以上材料，回答下列问题（共18分，每题2分。每题的备选项中，有2个或者2个以上符合题意，至少有一个错项。错选，本题不得分；少选，所选的每个选项得0.5分）：

1. 下列关于七氟丙烷灭火系统灭火浸渍时间的说法，正确的是（　　）。

A. 通信机房、电子计算机房内的电气设备火灾，应采用5 min

B. 其他固体表面火灾，宜采用10 min

C. 液体火灾，不应小于1 min

D. 木材、纸张、织物等固体表面火灾，宜采用20 min

E. 气体火灾，不应小于2 min

2. 一个组合分配系统所保护的防护区数量，满足规范要求的是（　　）个。

A. 6

B. 10

C. 8

D. 7

E. 5

3. 灭火系统的灭火剂储存量，应包括（　　）。

A. 防护区的灭火设计用量

B. 储存容器内的灭火剂剩余量

C. 防护区的灭火使用量

D. 储存容器内的总设计存储量

E. 管网内的灭火剂剩余量

4. 下列关于气体灭火系统的说法，错误的是（　　）。
A. 管网上不应采用四通管件进行分流
B. 喷头的最大保护高度不宜大于 6.5 m
C. 喷头的最大保护高度不宜小于 0.5 m
D. 同一集流管上的储存容器，其规格、充压压力和充装量应相同
E. 在通信机房和电子计算机房等防护区，设计喷放时间不应大于 10 s

5. 在该建筑中的气体灭火系统检查中发现的主要问题有（　　）。
A. 支架与末端喷嘴间的距离为 600 mm
B. 气动驱动装置储存容器内气体压力为设计压力的 110%
C. 穿楼板套管高出楼板 50 cm
D. 穿楼板套管未密实封堵
E. 驱动气体储存容器的高度差不满足要求

6. 气体灭火系统适用于扑救（　　）。
A. 固体表面火灾
B. 液体火灾
C. 电气火灾
D. 金属火灾
E. 灭火前能切断气源的气体火灾

7. 下列关于气体灭火系统安全要求的说法，正确的是（　　）。
A. 防护区应有保证人员在 30 s 内疏散完毕的通道和出口
B. 防护区内的疏散通道及出口，应设应急照明与疏散指示标志
C. 灭火剂喷放指示灯信号，应保持到防护区通风换气后，以手动方式解除
D. 防护区的门应向疏散方向开启，并能自行关闭；用于疏散的门必须能从防护区外打开
E. 通信机房、电子计算机房等场所的通风换气次数应不少于每小时 6 次

8. 下列关于气体灭火系统操作与控制的说法，正确的是（　　）。
A. 管网灭火系统应设自动控制和手动控制两种启动方式
B. 预制灭火系统应设自动控制、手动控制和机械应急操作三种启动方式
C. 对于平时无人工作的防护区，可设置为无延迟的喷射
D. 组合分配系统启动时，选择阀应在容器阀开启后打开
E. 气体灭火系统的操作与控制，应包括对开口封闭装置、通风机械和防火阀等设备的联动操作与控制

9. 每季度应对气体灭火系统进行 1 次全面检查，并应符合下列规定（　　）。
A. 可燃物的种类、分布情况，防护区的开口情况，应符合设计规定

B. 储存装置间的设备、灭火剂输送管道和支、吊架的固定，应无松动

C. 连接管应无变形、裂纹及老化。必要时，送法定质量检验机构进行检测或更换

D. 低压二氧化碳灭火系统储存装置的液位计检查，灭火剂损失 10% 时应及时补充

E. 对高压二氧化碳储存容器逐个进行称重检查，灭火剂净重不得小于设计储存量的 90%

第二题

2017 年 11 月 18 日 18 时 15 分，某市 119 指挥中心接到报警，某街道 8 号发生火灾，消防部门立即调派 14 个消防中队、34 部消防车赶赴现场开展灭火工作。21 时许，明火被扑灭。火灾共造成 19 人死亡，8 人受伤。

经初步调查勘验，起火建筑东西长 80 m，南北宽 76 m，占地面积 6 080 m^2，建筑面积约 20 000 m^2，地下一层，地上两层，局部三层。地下一层为冷库区，共有 6 个冷库间，总面积约 5 000 m^2，当时正处于设备安装调试阶段。地上一层为餐饮、商店、洗浴、广告制作、生产加工储存服装等商户，总面积约 6 600 m^2；地上二层、局部三层均为出租房，总面积约 8 300 m^2，共 305 间房，租住 400 余人。该建筑是典型的集生产经营、仓储、住人等于一体的“三合一”建筑。

经调查，樊某某自 2002 年至 2006 年，未经相关部门审批先后分三次建成地下一层、地上二层、局部三层楼房，建筑面积共计约 20 000 m^2，并陆续用于出租、经营。

2016 年 3 月，为出租和经营目的，在未经相关部门审批情况下，樊某某组织人员在地下一层修建隔断墙，准备建设冷库。

2017 年 2 月、3 月，樊某某分别与相关公司签订制冷设备购销合同和防水保温工程施工合同，开始冷库建设施工。期间，樊某某多次安排李某、王某等人在自建房及地下冷库内敷设接连电线，相关作业人员均无专业资质。

起火前，地下冷库正处于安装调试阶段，尚未投入使用。在公安部火灾调查专家指导下，联合调查组全力开展事故原因调查工作。经查实，起火部位位于地下中部冷库间南墙中部的墙面上，起火原因系埋在聚氨酯保温材料内的电气线路故障所致。

根据以上材料，回答下列问题（共 18 分，每题 2 分。每题的备选项中，有 2 个或者 2 个以上符合题意，至少有一个错项。错选，本题不得分；少选，所选的每个选项得 0.5 分）：

1. 下列火灾事故中，属于重大火灾的是（　　）。

A. 19 人死亡，100 人重伤

B. 17 人死亡，50 人重伤

C. 8 人死亡，直接经济损失 8 000 万元

D. 30 人死亡，78 人重伤

E. 9 人死亡，49 人重伤，直接经济损失 4 800 万元

2. 依法应当经消防机构进行消防设计审核的建设工程，未经依法审核或者审核不合格，擅自施工的，应责令停止施工、停止使用或者停产停业，并可以处（　　）万元的罚款。

A. 3

B. 30

C. 2

D. 5

E. 10

3. 建设单位在依法取得施工许可后规定天数内，应将消防设计文件报消防机构备案，消防机构应当进行抽查。下列天数符合要求的是（　　）。

A. 3 个工作日

B. 5 个自然日

C. 7 个工作日

D. 10 个工作日

E. 7 个自然日

4. 根据《重大火灾隐患判定方法》（GB 35181），下列情形可以直接判定为存在重大火灾隐患的是（　　）。

A. 甲、乙类生产场所和仓库设置在建筑的地下室或半地下室

B. 旅馆、公共娱乐场所、商店、地下人员密集场所未按国家工程建设消防技术标准的规定设置自动喷水灭火系统或火灾自动报警系统

C. 生产、储存、经营易燃易爆危险品的场所与人员密集场所、居住场所设置在同一建筑物内，或与人员密集场所、居住场所的防火间距小于国家工程建设消防技术标准规定值的 75%

D. 公共娱乐场所、商店、地下人员密集场所的安全出口数量不足或其总净宽度小于国家工程建设消防技术标准规定值的 90%

E. 生产、储存和装卸易燃易爆危险品的工厂、仓库和专用车站、码头、储罐区，未设置在城市的边缘或相对独立的安全地带

5. 单位的消防安全责任人应当履行的消防安全职责包括（　　）。

A. 组织防火检查，督促落实火灾隐患整改，及时处理涉及消防安全的重大问题

B. 组织制定符合本单位实际的灭火和应急疏散预案，并实施演练

C. 根据消防法规的规定建立专职消防队、志愿消防队

D. 拟定消防安全工作的资金投入和组织保障方案

E. 组织制订消防安全管理制度和保障消防安全的操作规程并检查督促其落实

6. 下列关于防火检查的说法，正确的是（　　）。

A. 公众聚集场所在营业期间的防火巡查应当至少每 2 h 一次

B. 消防安全重点单位应当进行每日防火巡查

C. 医院、养老院、寄宿制的学校、托儿所、幼儿园应当加强夜间防火巡查

D. 机关、团体、事业单位应当至少每月进行一次防火检查

E. 防火巡查人员应当及时纠正违章行为，妥善处置火灾危险，无法当场处置的，应当立即报告。发现初起火灾应当立即报警并及时扑救

7. 消防安全重点单位消防安全宣传教育和培训内容应当包括（　　）。

A. 有关消防法规、消防安全制度和保障消防安全的操作规程

B. 本单位、本岗位的火灾危险性和防火措施

C. 有关消防设施的性能、灭火器材的使用方法

D. 报火警、扑救初起火灾以及自救逃生的知识和技能

E. 组织、引导在场群众疏散的知识和技能

8. 应当接受消防安全专门培训的人员包括（　　）。

A. 单位的消防安全责任人、消防安全管理人

B. 专、兼职消防管理人员

C. 消防控制室的值班、操作人员

D. 其他依照规定应当接受消防安全专门培训的人员

E. 外来参观人员

9. 消防安全重点单位制定的灭火和应急疏散预案中的组织机构包括（　　）。

A. 灭火行动组

B. 通信联络组

C. 疏散引导组

D. 安全防护救护组

E. 组织领导组

第三题

消防技术服务机构受东北某造纸企业委托，对其成品仓库设置的干式自动喷水灭火系统进行检测。该仓库地上 2 层，耐火等级为二级，建筑高度为 15.8 m，建筑面积为 7 800 m^2，纸类成品为堆垛式仓储，堆垛最高为 6.3 m。仓库除配置干式自动喷水灭火系统外，还设置了室内消火栓系统、火灾自动报警系统等消防设施，厂区内环状消防供水管网（管径 *DN*250 mm）保证室内外消防用水，消防水泵设计扬程为 1.0 MPa。屋顶消防水箱最低有效水位至仓库地面的高差为 20 m，水箱的有效水位高度为 3 m。厂区共有 2 个相互连通的地下消防水池，总容积为 1 120 m^3。干式自动喷水灭火系统设有一台干式报警阀，放置在距离仓库约 980 m 的值班室内（有采暖），喷头型号为 ZSTX 15–68（℃）。

检测人员核查相关系统试压及调试记录后，有如下发现：

（1）干式自动喷水灭火系统管网水压强度及严密性试验均采用气压试验替代，且未对管网进行冲洗。

（2）干式报警阀调试记录中，没有发现开启系统试验阀后报警阀启动时间及水流到试验装置出口所需时间的记录值。

随后进行现场测试，情况为：在干式自动喷水灭火系统最不利点处开启末端试水装置，干式报警阀加速排气阀随之开启，6.5 min 后干式报警阀水力警铃开始报警，后又停止（警铃及配件质量、连接管路均正常），末端试水装置出水量不足。人工启动消防泵加压，首层的水流指示器动作后始终不复位。查阅水流指示器产品进场验收记录、系统竣工验收试验记录等，均未发现问题。

根据以上材料，回答下列问题（共 22 分）：

1. 指出干式自动喷水灭火系统有关组件选型、配置存在的问题，并说明如何改正。

2. 分析该仓库消防给水设施存在的主要问题。

3. 检测该仓库内消火栓系统是否符合设计要求时，应出几支水枪？按照国家标准有关自动喷水灭火系统设置场所火灾危险等级的划分规定，该仓库属于什么级别？自动喷水灭火系统的设计喷水持续时间为多少？

4. 干式自动喷水灭火系统试压及调试记录中存在的主要问题是什么？

5. 开启末端试水装置测试出哪些问题？原因是什么？

6. 指出导致水流指示器始终不复位的原因。

第四题

某一级耐火等级的四星级旅馆建筑，建筑高度为128.0 m，下部设置3层地下室（每层层高3.3 m）和4层裙房，裙房的建筑高度为22.4 m，高层主体东侧为旅馆主入口，设置了长12 m、宽6 m、高5 m的门廊，北侧设置员工出入口。建筑主体3层（局部4层）以上外墙全部设置玻璃幕墙。旅馆客房的建筑面积为50 ~ 96 m^2，外墙全部为不可开启窗扇的外窗。建筑周围设置宽度为6 m的环形消防车道，消防车道的内边缘距离建筑外墙6 ~ 22 m；沿建筑高层主体东侧和北侧连续设置了宽度为15 m的消防车登高操作场地，北侧的消防车登高操作场地距离建筑外墙12 m，东侧距离建筑外墙6 m。

地下一层设置总建筑面积为7 000 m^2的商店，总建筑面积980 m^2的卡拉OK厅（每间房间的建筑面积小于50 m^2）和1个建筑面积为260 m^2的舞厅；地下二层设置变配电室（干式变压器）、常压燃油锅炉房和柴油发电机房等设备用房和汽车库；地下三层设置消防水池、消防水泵房和汽车库。在地下一层，娱乐区与商店之间采用防火墙完全分隔；卡拉OK区域每隔180 ~ 200 m^2设置了2.00 h耐火极限的实体墙，每间卡拉OK的房门均为防烟隔音门；舞厅与其他部位的分隔为2.00 h耐火极限的实体墙和乙级防火门；商店内的相邻防火分区之间均有一道宽度为9 m（分隔部位长度大于30 m）且符合规范要求的防火卷帘。

裙房的地上一、二层设置商店，三层设置商店和宝宝乐等儿童活动场所，四层设置餐饮场所和电影院。一层的商店采用轻质墙体在吊顶下将商店隔成每间建筑面积小于100 m^2的多个小商铺，每间商铺的门口均通向主要疏散通道，至最近安全出口的直线距离均为5 ~ 35 m，商铺的进深为8 m。裙房与高层主体之间用防火墙和甲级防火门进行了分隔，裙房和建筑的地下室均按国家标准要求的建筑面积和分隔方式划分防火分区。

高层主体中的疏散楼梯间、客房、公共走道的地面均为阻燃地毯（B_1级），客房墙面贴有墙布（B_2级）；旅馆大堂和商店的墙面和地面均为大理石（A级）装修，顶棚均为石膏板（A级）。

建筑高层主体、裙房和地下室的疏散楼梯均按国家标准要求采用了防烟楼梯间或疏散楼梯，地下楼层的疏散楼梯在首层与地上楼层的疏散楼梯已采用符合要求的防火隔墙和防火门完全分隔。地下一层商店有3个防火分区分别借用了其他防火分区2.4 m的疏散净宽度，且均不大于其他防火分区所需疏散净宽度的30%，每个防火分区的疏散净宽度（包括借用的疏散宽度）均符合国家标准的规定，商店区域的总疏散净宽度为39.6 m（各防火分区的人员密度均按0.6人/m^2取值）。

建筑按国家标准设置了自动喷水灭火系统、室内外消火栓系统、火灾自动报警系统、防烟系统及灭火器等，每个消火栓箱内配置了消防水带、消防水枪，消防水泵接合器直接设置在高层主体北侧的外墙上，地下室、商店、酒店区的公共走道和建筑面积大于 100 m^2 的房间均按国家标准设置了机械排烟系统。

根据以上材料，回答下列问题（共 22 分）：

1. 指出该建筑在总平面布局方面存在的问题，并简述理由。

2. 指出该建筑在平面布置方面存在的问题，并简述理由。

3. 指出该建筑在防火分区和防火分隔方面存在的问题，并简述理由。

4. 指出该建筑在安全疏散方面存在的问题，并简述理由。

5. 指出该建筑在内部装修防火方面存在的问题，并简述理由。

6. 指出该建筑在消防设备配置方面存在的问题，并简述理由。

第五题

某建筑地下 2 层，地上 40 层，建筑高度为 137 m，总建筑面积为 116 000 m^2，设有相应的消防设施。

地下二层设有消防水泵房，设 540 m^3 的室内消防水池，屋顶设置有效容积为 40 m^3 的高位消防水箱，其最低有效水位为 141 m，屋顶水箱间内分别设置消火栓系统和自动喷水灭火系统的稳压装置。

消防水泵房分别设置 2 台（1 用 1 备）消火栓给水泵和自动喷水给水泵。室内消火栓系统和自动喷水灭火系统均分为高、中、低三个分区，中、低区由减压阀减压供水。

地下二层自动喷水灭火系统报警阀室集中设置 8 个湿式报警阀组，在此 8 个报警阀组前安装了 1 个比例式减压阀组，减压阀组前无过滤器。

2015 年 6 月，维保单位对该建筑室内消火栓系统和自动喷水灭火系统进行了检测，情况如下：

（1）检查 40 层屋顶试验消火栓时，其栓口静压为 0.1 MPa，打开试验消火栓放水，消火栓给水泵自动启动，栓口压力为 0.65 MPa。

（2）检查发现，地下室 8 个湿式报警阀组前的减压阀不定期出现超压现象。

（3）检查自动喷水灭火系统，打开 40 层末端试水装置，水流指示器报警，报警阀组的水力警铃未报警；消防控制室未收到压力开关动作信号，5 min 内未接收到自动喷水给水泵启动信号。

根据以上材料，回答下列问题（共 20 分）：

1. 简析高位消防水箱有效容积是否符合消防规范规定。

2. 屋顶试验消火栓静压和动压是否符合要求？如不符合要求，应如何解决？

3. 简述针对该消火栓系统的检测方案。

4. 简述地下室湿式报警阀组前安装的减压阀组存在的问题及解决方法。

5. 指出 40 层末端试水装置放水时，报警阀组的水力警铃、压力开关未动作的原因。

第六题

某单层木器厂房为砖木结构，屋顶承重构件为难燃性构件，耐火极限为 0.5 h。柱子采用不燃性构件，耐火极限为 2.50 h。木器厂房建筑面积为 4 500 m^2，其总平面布局和平面布置如下图所示；木器厂房周边的建筑，面向木器厂房一侧的外墙上均设有门和窗。该木器厂房采用流水线连续生产，工艺不允许设置隔墙。厂房内东侧设有建筑面积 500 m^2 的办公区、休息区，采用耐火极限 2.50 h 的防火隔墙与车间分隔，防火隔墙上设有双扇弹簧门；南侧分别设有建筑面积为 150 m^2 的油漆工段（采用封闭喷漆工艺）和 50 m^2 的中间仓库，中间仓库内储存 3 昼夜喷漆生产需要量的油漆、稀释剂（甲苯和香蕉水，C=0.11），采用防火墙与其他部位分隔，油漆工段通向车间的防火墙上设有双扇弹簧门。该厂房设置了消防给水及室内消火栓系统、建筑灭火器、排烟设施和应急照明及疏散指示标志。

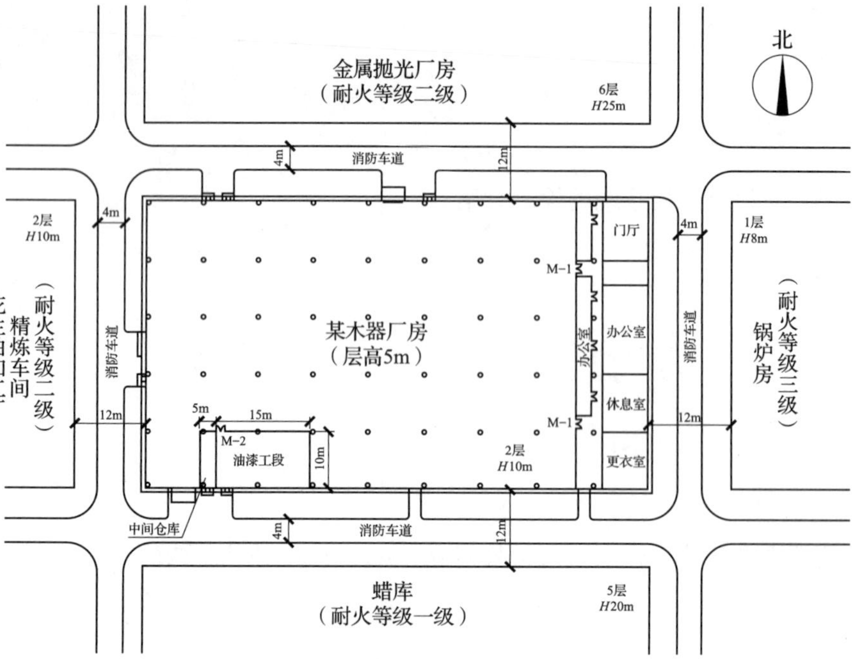

建筑总平面图

根据以上材料，回答下列问题（共20分）：

1. 检查防火间距、消防车道是否符合消防安全规定，提出防火间距不足时可采取的相应技术措施。

2. 简析厂房平面布置和油漆工段存在的消防安全问题，并提出整改意见。

3. 计算油漆工段的泄压面积，并分析利用外窗作泄压面的可行性。

4. 中间仓库存在哪些消防安全问题？应采取哪些防火防爆技术措施？

5. 该厂房内还应配置哪些建筑消防设施？
（提示：$150^{\frac{2}{3}}=28.23$；$200^{\frac{2}{3}}=34.20$；$750^{\frac{2}{3}}=82.55$）

消防安全案例分析模拟测试（四）

第一题

某信息中心大楼内设有自动喷水灭火系统、气体灭火系统、火灾自动报警系统等自动消防设施和灭火器。2015 年 2 月 5 日，该单位安保部对信息中心的消防设施进行了全面检查测试，部分检查情况如下：

（一）建筑灭火器检查情况（详见表 1）

表 1　　建筑灭火器检查情况

灭火器型号	出厂日期	数量（具）	上次维修时间	外观检查存在问题的灭火器（具）			
				压力表指针位于红区	筒体锈蚀面积与筒体面积之比		筒体严重变形
					< 1/3	≥ 1/3	
MFZ/ABC4	2010 年 1 月	82	无	2	5	2	0
	2010 年 7 月	82	无	3	3	2	0
MT5	2003 年 1 月	18	2014 年 1 月	0	0	0	2
	2003 年 7 月	18	2014 年 7 月	0	0	0	1

（二）湿式自动喷水灭火系统功能测试情况

打开湿式报警阀组上的实验阀，水力警铃动作，按规定方法测量水力警铃声强为 65 dB，火灾报警控制器（联动型）接收到报警阀组压力开关动作信号，自动喷水给水泵未启动。

（三）七氟丙烷灭火系统检查情况

信息中心的通信机房设有七氟丙烷灭火系统（见下图），系统设置情况见表 2，检查发现，储瓶间 2# 灭火剂储瓶的压力表显示压力为设计储存压力的 85%，系统存在组件缺失的问题。

检查结束后，该单位安保部委托专业维修单位对气体灭火设备进行了维修。维修单位派人到现场，焊接了缺失组件的底座，并安装了缺失组件，对 2# 灭火剂储瓶补压至设计压力。

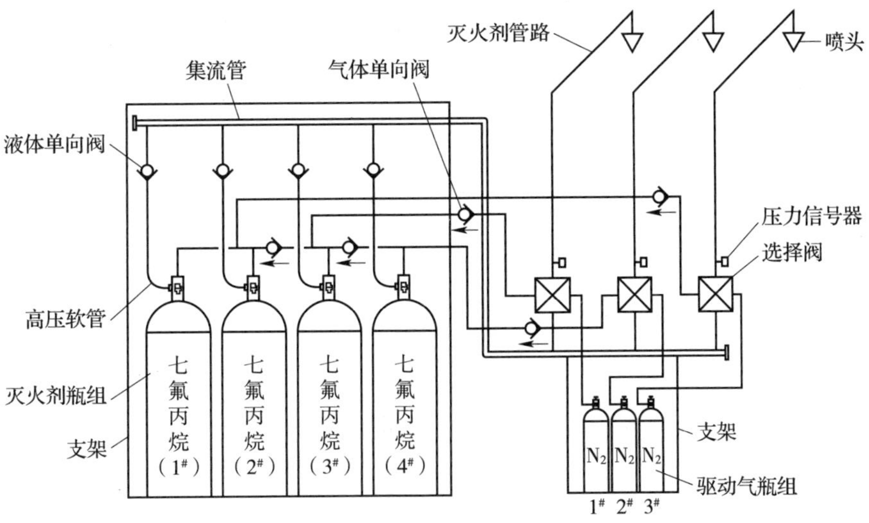

七氟丙烷灭火系统组成示意图

表 2　七氟丙烷灭火系统设置情况

防护区	防护区容积（m^3）	灭火设计溶度（%）	灭火剂用量（kg）	灭火剂钢瓶容积（L）	灭火剂储存压力（MPa）	灭火剂钢瓶数量（只）
A	600	8	398	120	4.2	4
B	450		298			3
C	300		199			2

根据以上材料，回答下列问题（共 20 分）：

1. 根据建筑灭火器检查情况，哪些灭火器需要维修、报废？

2. 指出素材（二）的场景中存在的问题及自动喷水给水泵未启动的原因，并简述湿式自动喷水灭火系统联动功能检查测试的方法。

3. 七氟丙烷灭火系统在储瓶间内未安装哪种组件？最大防护区对应的驱动装置为几号驱动气瓶？

4. 简析维修单位对储瓶间气体灭火设备维修时存在的问题。

第二题

某购物中心地下2层，地上4层，建筑高度24 m，耐火等级二级，地下二层室内地面与室外出入口地坪高差为11.5 m。

地下每层建筑面积为15 200 m^2。地下二层设置汽车库和变配电房、消防水泵房等设备用房及建筑面积为5 820 m^2的建材市场（经营五金、洁具、瓷砖、桶装油漆、香蕉水等）；地下一层为家具、灯饰商场，设有多部自动扶梯与建材商场连通，自动扶梯上下层相连通的开口部位设置防火卷帘。地下商场部分的每个防火分区面积不大于2 000 m^2，采用耐火极限为1.5 h的不燃性楼板和防火墙及符合规定的防火卷帘进行分隔，在相邻防火分区的防火墙上均设有向疏散方向开启的甲级防火门。

地上一层至三层为商场，每层建筑面积为12 000 m^2，主要经营服装、鞋类、箱包和电器等商品。地上四层建筑面积为5 600 m^2，主要功能为餐厅、游艺厅、儿童游乐厅和电影院。电影院有8个观众厅，每个观众厅建筑面积在186 ~ 390 m^2之间；游艺厅有2个厅室，建筑面积分别为216 m^2、147 m^2。游艺厅和电影院候场区均采用不到顶的玻璃隔断、玻璃门与其他部位分隔，安全出口符合规范规定。

每层疏散照明的地面水平照度为1.0 lx，备用电源连续供电时间为0.6 h。

购物中心外墙外保温系统的保温材料采用模塑聚苯板，保温材料与基层墙体、装饰层之间有0.17 ~ 0.6 m的空腔，在楼板处每隔一层用防火封堵材料对空腔进行防火封堵。

购物中心按规范配置了室内外消火栓系统、自动喷水灭火系统和火灾自动报警系统等消防设施。

根据以上材料，回答下列问题（共20分）：

1. 指出地下二层、地上四层平面布置方面存在的问题。

2. 指出地下商场防火分区方面存在的问题，并提出消防规范规定的整改措施。

3. 分别列式计算购物中心地下一、二层安全出口的最小总净宽度，地下一层安全出口最小总净宽度应为多少。（以 m 为单位，计算结果保留 1 位小数）

4. 判断购物中心的疏散照明设置是否正确，并说明理由。

5. 指出购物中心外墙外保温系统防火措施存在的问题。

（提示：商店营业厅人员密度及百人净宽度指标分别见表 1、表 2）

表 1　　商店营业厅的人员密度　　（单位：人 /m^2）

楼层位置	地下二层	地下一层	地上一、二层	地上三层	地上四层及以上各层
人员密度	0.56	0.60	0.43 ~ 0.6	0.39 ~ 0.54	0.30 ~ 0.42

表 2 **疏散楼梯、疏散出口和疏散走廊的每百人净宽度** （单位：m）

建筑层数		耐火等级		
		一、二级	三级	四级
地上楼层	1～2层	0.65	0.75	1.00
	3层	0.75	1.00	–
	≥4层	1.00	1.25	–
地下楼层	与地面出入口地坪的高差≤10 m	0.75	–	–
	与地面出入口地坪的高差＞10 m	1.00	–	–

第三题

某大型商业综合体，建筑高度28.6 m，室外设计地面标高 ±0.00 m，地上一至三层为商场，地上四至八层为旅馆，每层建筑面积3 500 m^2。该建筑四面均为玻璃幕墙。该建筑采用分区供水，分为高区和低区。该建筑设有室内外消火栓系统、自动喷淋系统、火灾自动报警系统、消防应急照明、消防疏散指示标志、灭火器等消防设施与器材。

该建筑室内消火栓和喷淋系统采用临时高压系统。检测和验收时发现：高位消防水箱有效容积为30 m^3，最低有效水位的标高为34 m。该高位消防水箱的进水管径为 *DN*25 mm，由消防水泵定时补水。进水管口的最低点高出溢流管200 mm。溢流管直径为 *DN*75 mm。

该室内消火栓系统共设置了4根消防竖管，在上次检修时，关闭了不相邻的两根进行维修。室内消火栓箱配置了消火栓口、水带和水枪。

该建筑共设置6个墙壁式水泵接合器，安装高度为1.1 m，高、低区共用这些水泵接合器。水泵接合器距离室外消火栓的距离为60 m。

检查消防水泵，消防水泵从市政管网直接抽水，且在该吸水管上设置了有空气隔断的倒流防止器。该消防水泵的设计工作压力为0.6 MPa，消防水泵的出水管上设置了直径为80 mm的压力表，最大量程为1.2 MPa。

根据以上材料，回答下列问题（共19分）：

1. 该建筑高位消防水箱设置是否存在问题，如存在问题，应如何改正？

2. 该建筑外围的水泵接合器设置是否合理，为什么？

3. 该建筑消防水泵的设置是否合理，为什么？

4. 关于该建筑的消防设施设置和维保，还存在哪些问题?

第四题

某电商物流仓库，主要储存各类电子产品、服装、图书等，框架结构，地上3层，地下1层，占地面积9 600 m^2，总建筑面积30 200 m^2，仓库采用耐火极限为3.00 h的防火卷帘进行防火分隔，防火卷帘的耐火完整性和隔热性均符合要求。

地上建筑每层均划分4个防火分区，每个防火分区的建筑面积均为2 400 m^2，采用防火卷帘进行防火分隔。地下一层划分为2个防火分区，每个防火分区建筑面积均为700 m^2；地下一层共设置1个安全出口。

首层西北侧设有独立的办公、休息区，建筑面积300 m^2，采用耐火极限2.00 h的防火隔墙、1.50 h的不燃性楼板和乙级防火门与其他部位分隔，并设有2个独立的安全出口。首层靠墙的内侧采用推拉门。该仓库按有关国家工程建设消防技术标准配置了室内外消火栓给水系统、自动喷水灭火系统和建筑灭火器等消防设施及器材。为安全保卫需要，值班人员的宿舍设置在仓库内。

仓库的屋面外保温系统采用B_2级保温材料，采用不燃材料作为防护层，防护层的厚度为5 mm；外墙外保温系统采用B_1级保温材料。屋面与外墙之间采用宽度300 mm的不燃材料设置防火隔离带进行分隔。

根据以上材料，回答下列问题（共19分）：

1. 该仓库防火分隔存在哪些问题？为什么？

2. 该仓库防火分区是否存在问题？为什么？

3. 该仓库平面布置上存在哪些问题？为什么？

4. 该仓库的安全疏散方面是否存在问题？为什么？

5. 该仓库的保温系统是否存在问题？为什么？

第五题

消防技术服务机构受托对某地区银行办公的综合楼进行消防设施的专项检查，该综合楼火灾自动报警系统采用双电源供电，双电源切换控制箱安装在一层低压配电室，考虑到系统供电的可靠性，在供电回路上设置剩余电流电气火灾探测器，实现电流故障动作保护和过负载保护。火灾报警控制器显示 12 只感烟探测器被屏蔽（洗衣房 2 只，其他楼层 10 只），1 只防火阀模块故障。

对火灾自动报警系统进行测试，过程如下：

切断控制器与备用电源之间的连接，控制器无异常显示；恢复控制器与备用电源之间的连接，切断火灾报警控制器的主电源，控制器自动切换到备用电源工作，显示主电故障；测试 8 只感烟探测器，6 只正常报警，2 只不报警，试验过程中控制器出现重启现象，继续试验报警功能，控制器关机，无法重新启动；恢复控制器主电源，控制器启动并正常工作；使探测器底座上的总线接线端子短路，控制器上显示该探测器所在回路总线故障；触发满足防烟排烟系统启动条件的报警信号，消防联动控制器发出了同时启动 5 个排烟阀和 5 个送风阀的控制信号，控制器显示了 3 个排烟阀和 5 个送风阀的开启反馈信号，相对应的排烟机和送风机正常启动并在联动控制器上显示启动反馈信号。

银行数据中心机房设置了 IG–541 气体灭火系统，以组合分配方式设置 A、B、C 三个气体灭火防护区。断开气体灭火控制器与各防护区气体灭火驱动装置的连接线，进行联动控制功能试验，过程如下：

按下 A 防护区门外设置的气体灭火手动启动按钮，A 防护区内的声光警报器启动。然后按下气体灭火器手动停止按钮，测量气体灭火控制器启动输出端电压，一直为 0 V。

按下 B 防护区内的 1 只火灾手动报警按钮，测量气体火灾控制器输出端电压，25 s 后电压为 24 V。

测试 C 防护区，按下气体灭火控制器上的启动按钮，再按下相对应的停止按钮，测量气体灭火控制器启动输出端电压，25 s 后电压为 24 V。

据了解，消防维保单位进行系统试验过程中不慎碰坏了两段驱动气体管道，维保人员直接更换了损坏的驱动气体管道并填写了维修更换记录。

根据以上材料，回答下列问题（共 21 分）：

1. 根据检查测试情况，指出消防供电及火灾报警系统中存在的问题。

2. 导致排烟阀未反馈开启信号的原因是什么？

3. 三个气体灭火防护区的气体灭火联动控制功能是否正常？为什么？

4. 维保人员对配电室气体灭火系统驱动气体管道维修的做法是否正确？为什么？

第六题

某砖混结构甲醇合成厂房，屋顶承重构件采用耐火极限 0.5 h 的难燃性材料，厂房地下 1 层、地上 2 层（局部 3 层），建筑高度 22 m，长度和宽度均为 40 m。厂房居中位置设置一部连通各层的敞开楼梯，每层外墙上有便于开启的自然排烟窗，存在爆炸危险的部位按国家标准要求设置了泄压设施。厂房东侧外墙水平距离 25 m 处有一间二级耐火等级的燃煤锅炉房（建筑高度 7 m），南侧外墙水平距离 25 m 处有 1 座二级耐火等级的多层厂办公楼（建筑高度 16 m），西侧 12 m 处有一座丙类仓库（建筑高度 6 m，二级耐火等级），北侧设置两座单罐容量为 300 m^3 甲醇储罐，储罐与厂房之间的防火间距为 25 m，储罐四周设置防火堤。防火堤外侧基脚线水平距离厂房北侧外墙 7 m。厂房和防火堤四周设置宽度不小于 4 m 的环形消防车道。

厂房内一层布置了变、配电站，办公室和休息室，这些场所之间及与其他部位之间均设置了耐火极限不低于 4.00 h 的防火墙。变、配电室与生产部位之间的防火墙上设置了镶嵌固定窗扇的防火玻璃观察窗。办公室和休息室与生产部位之间开设甲级防火门。顶层局部厂房临时改为员工宿舍，员工宿舍与生产部位之间为耐火极限不低于 4.00 h 的防火墙，并设置了两部专用的防烟楼梯间。

厂房地面采用水泥地面，地表面涂刷醇酸油漆；厂房与相邻厂房相连通的管、沟采取了通风措施；下水道设置了水封设施。电气设备符合《爆炸危险环境电力装置设计规范》（GB 50058—2014）规定的防爆要求。

根据以上材料，回答下列问题（共 21 分）：

1. 指出该厂房在火灾危险性和耐火等级方面存在的消防安全问题，并提出解决方案。

2. 指出该厂房在总平面布局方面存在的消防安全问题，并提出解决方案。

3. 指出该厂房在层数、建筑面积和平面布置方面存在的消防安全问题，并提出解决方案。

4. 指出该厂房在安全疏散方面存在的消防安全问题，并提出解决方案。

5. 指出该厂房在防爆和其他方面存在的消防安全问题，并提出解决方案。

消防安全案例分析模拟测试（五）

第一题

某寒冷地区公共建筑，地下 3 层，地上 37 层，建筑高度 169 m，总建筑面积 121 000 m^2，按照国家标准设置相应的消防设施。

该建筑室内消火栓系统采用消防水泵串联分区供水形式，分高、低区两个分区。消防水泵房和消防水池位于地下一层，设置低区消火栓泵 2 台（1 用 1 备）和高区消火栓转输泵 2 台（1 用 1 备），中间消防水泵房和转输水箱位于地上 7 层，设置高区消火栓加压泵 2 台（1 用 1 备），高区消火栓加压泵控制柜与消防水泵布置在同一房间。屋顶设置高位消防水箱和稳压泵等稳压装置。低区消火栓由中间转输水箱和低区消火栓泵供水，高区消火栓由屋顶消防水箱和高区消火栓转输泵、高区消火栓加压泵联锁启动供水。

室外消防用水由市政给水管网供水，室内消火栓和自动喷水灭火系统用水由消防水池保证，室内消火栓系统的设计流量为 40 L/s，自动喷水灭火系统的设计流量为 40 L/s。

维保单位对该建筑室内消火栓进行检查，情况如下：

（1）在地下消防水泵房对消防水池的有效容积、水位、供水管等情况进行了检查。

（2）在地下消防水泵房打开低区消火栓泵试验阀，低区消火栓泵没有启动。

（3）屋顶室内消火栓系统稳压装置气压水罐有效储水容积为 120 L；无法直接识别稳压泵出水管阀门的开闭情况，深入细查发现阀门处于关闭状态，稳压泵控制柜电源未接通，当场排除故障。

（4）检查屋顶消防水箱，发现水箱内的表面有结冰；水箱进水管管径为 *DN*25 mm，出水管管径为 *DN*75 mm；询问消防控制室消防水箱水位情况，控制室值班人员回答无法查看。

（5）在屋顶打开试验消火栓，放水 3 min 后测量栓口动压，测量值为 021 MPa；消防水枪充实水柱测量值为 12 m；询问消防控制室有关消防水泵和稳压泵的启动情况，控制室值班人员回答不清楚。

根据以上材料，回答下列问题（共 18 分，每题 2 分。每题的备选项中，有 2 个或 2 个以上符合题意，至少有一个错项。错选，本题不得分；少选，所选的每个选项得 0.5 分）

1. 关于该建筑消防水池，下列说法正确的有（　　）。

A. 不考虑补水时，消防水池的有效容积不应小于 432 m^3

B. 消防控制室应能显示消防水池的正常水位
C. 消防水池玻璃水位计两端的角阀应常开
D. 应设置就地水位显示装置
E. 消防控制室应能显示消防水池高水位、低水位报警信号

2. 低区消火栓泵没有启动的原因主要有（　　）。
A. 消防水泵控制柜处于手动起泵状态
B. 消防联动控制器处于自动起泵状态
C. 消防联动控制器处于手动起泵状态
D. 消防水泵的控制线路故障
E. 消防水泵的电源处于关闭状态

3. 关于该建筑屋顶消火栓稳压装置，下列说法正确的有（　　）。
A. 气压水罐有效储水容积符合规范要求
B. 出水管阀门应常开并锁定
C. 气压水罐有效储水容积不符合规范要求
D. 出水管应设置明杆闸阀
E. 稳压泵控制柜平时应处于停止启泵状态

4. 关于该建筑屋顶消防水箱，下列说法正确的有（　　）。
A. 应采取防冻措施
B. 进水管管径符合规范要求
C. 出水管管径符合规范要求
D. 消防控制室应能显示消防水箱高水位、低水位报警信号
E. 消防控制室应能显示消防水箱正常水位

5. 关于屋顶试验消火栓检测，下列说法正确的有（　　）。
A. 栓口动压符合规范要求
B. 消防控制室应能显示高区消火栓加压泵的运行状态
C. 检查人员应到中间消防水泵房确认高区消火栓加压泵的启动情况
D. 消防控制室应能显示屋顶消火栓稳压泵的运行状态
E. 消防水枪充实水柱符合规范要求

6. 关于该建筑中间转输水箱及屋顶消防水箱的有效储水容积，下列说法正确的有（　　）。
A. 中间转输水箱有效储水容积不应小于 36 m^3
B. 屋顶消防水箱有效储水容积不应小于 50 m^3
C. 中间转输水箱有效储水容积不应小于 60 m^3
D. 屋顶消防水箱有效储水容积不应小于 36 m^3
E. 屋顶消防水箱有效储水容积不应小于 100 m^3

7. 关于该建筑高区消火栓加压泵，下列说法正确的有（　　）。

A. 应有自动停泵的控制功能

B. 消防控制室应能手动远程启动该泵

C. 流量不应小于 40 L/s

D. 从接到起泵信号到水泵正常运转的自动启动时间不应大于 5 min

E. 应能机械应急启动

8. 关于该建筑高区消火栓加压泵控制柜，下列说法错误的有（　　）。

A. 机械应急启动时，应确保消防水泵在报警后 5 min 内正常工作

B. 应采取防止被水淹的措施

C. 防护等级不应低于 IP30

D. 应具有自动巡检可调、显示巡检状态和信号功能

E. 控制柜对话界面为英汉双语语言

9. 关于该建筑室内消火栓系统维护管理，下列说法正确的有（　　）。

A. 每季度应对消防水池、消防水箱的水位进行一次检查

B. 每月应手动启动消防水泵运转一次

C. 每月应模拟消防水泵自动控制的条件自动启动消防水泵运转一次

D. 每月应对控制阀门铅封、锁链进行一次检查

E. 每周应对稳压泵的停泵启泵压力和启泵次数等进行检查，并记录运行情况

第二题

某食品有限公司发生重大火灾事故，造成 18 人死亡，13 人受伤，着火面积约 4 000 m^2，直接经济损失 4 000 余万元。

经查，认定该起事故的原因为：保鲜恒温库内的冷风机供电线路接头处过热短路，引燃墙面聚氨酯泡沫保温材料所致。起火的保鲜恒温库为单层砖混结构，吊顶和墙面均采用聚苯乙烯板，在聚苯乙烯板外表面直接喷涂聚氨酯泡沫。毗邻保鲜恒温库搭建的简易生产车间采用单层钢屋架结构，外围护采用聚苯乙烯夹芯彩钢板，吊顶为木龙骨和 PVC 板。车间按国家标准配置了灭火器材，但无应急照明和疏散指示标志，部分疏散门采用卷帘门。起火时，南侧的安全出口被锁闭。着火当日，车间流水线南北两侧共有 122 人在进行装箱作业。保鲜库起火后，火势及有毒烟气迅速蔓延至整个车间，由于无人组织灭火和疏散，有 12 名员工在走道尽头的冰池处遇难。逃出车间的员工向领导报告了火情，10 min 后才拨打“119”报火警，有 8 名受伤员工在冰池处被救出。

经查，该企业消防安全管理制度不健全，单位消防安全管理人曾接受过消防安全专门培训，但由于单位生产季节性强，员工流动性大，未组织员工进行消防安全培训和疏散演练。当日值班人员对用火、用电和消防设施、器材情况进行了一次巡查后即离开了车间。

根据以上材料，回答下列问题（共 18 分，每题 2 分。每题的备选项中，有 2 个或 2 个以上符合题意，至少有一个错项。错选，本题不得分；少选，所选的每个选项得 0.5 分）：

1. 该单位保鲜恒温库及简易生产车间在（　　）方面存在火灾隐患。

A. 电气线路

B. 防火分隔

C. 耐火等级

D. 安全疏散

E. 灭火器材

2. 保鲜恒温库及简易车间属于消防安全重点部位，根据消防安全重点部位管理的有关规定，应该采取的必备措施有（　　）。

A. 设置自动灭火设施

B. 设置明显的防火标志

C. 严格管理，定期重点巡查

D. 制定和完善事故应急处理预案

E. 采用电气防爆措施

3. 这次火灾事故中，造成人员伤亡的主要因素有（　　）。

A. 当日值班人员事发时未在岗

B. 建筑构件及墙体内保温采用了易燃有毒材料

C. 消防安全重点部位不明确

D. 部分安全出口被封锁，疏散通道不畅通

E. 员工未经过消防安全培训和疏散逃生演练

4. 关于单位员工消防安全培训，根据有关规定必须培训的内容有（　　）。

A. 消防技术规范

B. 本单位、本岗位的火灾危险性和防火措施

C. 报火警、扑救初起火灾的知识和技能

D. 组织疏散逃生的知识和技能

E. 有关消防设施的性能，灭火器材的使用方法

5. 根据有关规定，下列应该接受消防安全专门培训的人员有（　　）。

A. 单位的消防安全责任人

B. 装卸人员

C. 专、兼职消防管理人员

D. 电工

E. 消防控制室值班、操作人员

6. 根据《机关、团体、企业、事业单位消防安全管理规定》（公安部令第 61 号），消防安全制度应包括的主要内容有（　　）。

A. 消防安全责任制

B. 消防设施、器材维护管理

C. 用火、用电安全管理
D. 仓库收发管理
E. 防火巡查、检查

7. 根据本案例描述，该单位存在的下列违反消防安全规定的情况，根据《机关、团体、企业、事业单位消防安全管理规定》应责令当场改正的有（　　）。
A. 违章使用明火作业或者在具有火灾、爆炸危险的场所吸烟、使用明火
B. 消防设施管理、值班人员和防火巡查人员脱岗
C. 常闭式防火门处于开启状态，防火卷帘下堆放物品影响使用
D. 消防控制室值班人员未持证上岗
E. 将安全出口上锁、遮挡，或者占用、堆放物品影响使用

8. 按照有关规定，消防安全重点单位制定的灭火和应急疏散预案应当包括（　　）。
A. 领导机构及其职责
B. 报警和接警处置程序
C. 自动消防设施保养程序
D. 应急疏散的组织程序和措施
E. 扑救初起火灾的程序和措施

9. 根据本案例描述和消防安全管理的相关规定，单位发生火灾时，应当立即实施灭火和应急疏散预案。在这次火灾事故中，该单位未能做到（　　）。
A. 及时报警
B. 启动消防灭火系统
C. 迅速扑救火灾
D. 启动防烟排烟系统
E. 及时疏散人员

第三题

某公司投资建设的大型商业综合体由商业区和超高层写字楼、商品住宅楼及五星级酒店组成。除酒店外，综合体由建设单位下属的物业公司统一管理。建设单位明确了物业公司经理为消防安全管理人，建立了消防安全管理制度，成立了志愿消防组织；明确了专（兼）职消防人员及其职责。在物业管理合同中，约定了产权人、承租人的消防安全管理职责，明确了物业公司有权督促落实；确定了公共区域、未销售（租赁）区域的消防安全管理、室外消防设施（场地）以及建筑消防设施改造与维护管理等由物业公司统一组织实施，各方按照相关合同出资。

某天营业期间，商业区二层某商铺装修时，电焊引发火灾。起火后，装修工人慌乱中碰翻了正在使用的油漆桶，火势迅速扩大；在寻找灭火器无果后，悉数逃离火场。消防控制室（共2名值班人员）接到保安报警，向经理报告后，两人均赶往现场灭火；此时，火势已向相邻商铺蔓延，值班人员此时才向专业消防力量报警。专业消防力量到场时，火势已蔓延至相邻防火分区，有多部楼梯间因防火门未关闭，大量进烟。

灾后倒查，起火点的装修现场采用木质胶合板与相邻区域隔离，现场无序地堆放了大量的木质装修材料、油漆桶及有机溶剂等；现场的火灾探测器因频繁误报，在火灾报警控制器上被屏蔽，二层的自动喷水灭火系统配水管控制阀因喷头漏水被关闭；起火现场安全监护人员脱岗。防火档案记载，保安在营业期间每 3 h 防火巡查 1 次，防火巡查记录均为“正常”；火灾前 52 天组织的最近一次防火检查，载录了商业区存在“楼梯间防火门未常闭”“有的商铺装修现场管理混乱，无消防安全防护措施”“二层多个商铺装修现场火灾探测器误报，喷头损坏漏水”3 项火灾隐患。

根据以上材料，回答下列问题（20 分）：

1. 简述该大型商业综合体对多个产权（使用）单位的消防安全管理是否合理，并说明原因。

2. 简述消防控制室值班人员在此次火灾应急处置中存在的问题。

3. 结合装修工人对初起火灾的处置行为，简述需要加强对装修工人消防安全教育培训的主要内容。

4. 指出起火点装修现场存在的火灾隐患。

5. 简析物业管理公司在防火巡查、防火检查及火灾隐患整改过程中存在的问题。

第四题

某电厂调度楼共 6 层，按国家标准设置了火灾自动报警系统、气体灭火系统等消防设施。火灾自动报警控制系统每个总线回路最大负载能力为 256 个报警点，每层有 70 个报警点，共分 2 个总线回路，其中一层至三层为第一回路，四层至六层为第二回路。每个楼层弱电井中安装 1 只总线短路隔离器，在本楼层总线出现短路时保护其他楼层的报警设备功能不受影响。

二层一个设备间布置了 28 台电力控制柜，顶棚安装了点型光电感烟探测器。控制柜内火灾探测采用管路吸气式感烟火灾探测器。设备间共设有 1 台单管吸气式感烟火灾探测器。其采样主管长 45 m，载设在电力控制柜上方，通过毛细采样管进入每个电力控制柜。采样孔直径为 3 mm。消防控制室能够接收管路吸气式感烟火灾探测器的报警及故障信号。

四层主控室为一个气体式灭火防护区，安装了 4 台柜式预制七氟丙烷灭火装置，充压压力为 4.2 MPa。自动联动模拟喷气检测时，有 2 台气体灭火装置未启动，启动的 2 台灭火装置动作时差为 4 s。经检查确认，气体灭火控制器功能正常。

使用单位拟对一层重新装修改造。走道（宽 1.5 m）采用通透面积占吊顶面积 12% 的格栅吊顶，在部分房间增加空调送风口，将一个房间改为吸烟室。

根据以上材料，回答下列问题（20 分）：

1. 对该生产综合楼火灾自动报警系统设置问题进行分析，提出改进措施。

2. 简述主控室气体灭火系统充压压力和启动时间存在的问题。

3. 简述主控室两套气体灭火装置未启动的原因及解决措施。

4. 按使用单位的改造要求，提出探测器设置和安装应注意的问题。

第五题

消防大队对某写字楼进行消防安全检查。

经向消防安全管理人询问，该单位按要求配置了灭火器 800 具，其中 250 具灭火器达到了维修年限，统一送原厂家进行维修，未采用同类型的灭火器替代。

检查灭火器时发现，为了防止遭到恶意破坏，所有灭火器箱均被上锁。部分嵌墙式手提灭火器底部离地面的距离为 1.5 m。为保证灭火效果，磷酸铵盐灭火器和碳酸氢钠灭火器放在同一地点，且每个地点放置了 6 具灭火器。有 20 具灭火器铭牌脱落，该单位消防安全管理人表示，马上送原厂维修并补上。

检查室内消火栓时，发现由于设备层没有可燃物，未配置消火栓。随机抽取消防水带，经测量，总长度是 30 m。

根据以上材料，回答下列问题（20 分）：

1. 该单位灭火器的设置方面存在哪些问题，并简要说明原因。

2. 室内消火栓系统存在哪些问题？为什么？

第六题

某医院高层病房楼地上10层，地下3层，建筑高度48 m，总建筑面积1.5万m^2，框架剪力墙结构，采用玻璃幕墙作为外围护墙体。柱、梁、楼板的耐火极限分别为2.5 h、1.5 h、1.5 h。

地上一层至四层设有一个中庭。中庭的投影面积为400 m^2。二层至四层中庭边缘设有回廊，中庭内设置两部自动扶梯。面向中庭的房间，采用耐火极限不低于1.0 h的防火隔墙及耐火完整性不低于1.0 h的防火玻璃墙与中庭分隔。防火隔墙开设有火灾时自动关闭的乙级防火门。走道部分采用耐火极限不低于3.0 h的防火卷帘与中庭分隔。

地下一层主要为餐厅、附属库房、消防水泵房、柴油发电机房、通风空调机房、自动灭火系统设备室等设备用房和汽车库。餐厅的建筑面积为300 m^2，划分为单独的防火分区，设置一个直通室外的敞开楼梯间，并在防火墙上设置甲级防火门作为第二安全出口。设备用房建筑面积为600 m^2，划分为单独的防火分区，设置2个通向相邻防火分区的甲级防火门作为安全出口。汽车库建筑面积860 m^2，为无车道且无人员停留的机械式立体汽车库，停车位数量为132辆，设置为一个区域，并设置1个供灭火救援用的楼梯间，楼梯间与停车区域之间采用防火隔墙进行分隔，楼梯间的门采用乙级防火门。

地上一层的主要使用功能为接待大厅、消防控制室、办公室和医务室；消防控制室的门直通接待大厅。地上二层的主要使用功能为贵重精密医疗装备用房、重症监护室、胶片室和洁净手术部；均采用耐火极限不低于2.0 h的防火隔墙与其他场所分隔，隔墙上的门采用乙级防火门。

地上三层至十层的主要使用功能为病房、医务室，共设有290张病床。每层划分为一个防火分区，并在建筑两端设置了封闭楼梯间。每层设置2个护理单元，护理单元之间采用耐火极限不低于2.0 h的防火隔墙分隔。在两个护理单元之间设置避难间，避难间服务于两个护理单元，其建筑面积为45 m^2，并采用耐火极限不低于2.00 h的防火隔墙和乙级防火门与其他部位分隔；避难间外墙设置可开启普通外窗。

建筑按现行有关国家工程建设消防技术标准配置消防设施及器材。

根据以上材料，回答下列问题（24分）：

1. 指出该建筑耐火极限方面存在的问题，并简述理由。

2. 指出该建筑在平面布置方面存在的消防安全问题，并简述理由。

3. 指出该建筑在防火分隔方面存在的消防安全问题，并简述理由。

4. 指出该建筑在安全疏散方面存在的消防安全问题，并简述理由。

5. 指出该建筑在避难间设置方面存在的消防安全问题，并简述理由。

消防安全案例分析
模拟测试（一）参考答案及解析

第一题

1.【参考答案】CD

【解析】单台消防水泵的最小额定流量不应小于 10 L/s，最大额定流量不宜大于 320 L/s。消防水泵的选择和应用应符合下列规定：

（1）消防水泵的性能应满足消防给水系统所需流量和压力的要求。

（2）消防水泵所配驱动器的功率应满足所选水泵流量扬程性能曲线上任何一点运行所需功率的要求。

（3）当采用电动机驱动的消防水泵时，应选择电动机干式安装的消防水泵。

（4）流量扬程性能曲线应为无驼峰、无拐点的光滑曲线，零流量时的压力不应大于设计工作压力的 140%，且宜大于设计工作压力的 120%。

（5）当出流量为设计流量的 150%时，其出口压力不应低于设计工作压力的 65%。

（6）泵轴的密封方式和材料应满足消防水泵在低流量时运转的要求。

（7）消防给水同一泵组的消防水泵型号宜一致，且工作泵不宜超过 3 台。

（8）多台消防水泵并联时，应校核流量叠加对消防水泵出口压力的影响。

2.【参考答案】BCDE

【解析】埋地管道当系统工作压力不大于 1.20 MPa 时，宜采用球墨铸铁管或钢丝网骨架塑料复合管给水管道；当系统工作压力大于 1.20 MPa 小于 1.60 MPa 时，宜采用钢丝网骨架塑料复合管、加厚钢管和无缝钢管；当系统工作压力大于 1.60 MPa 时，宜采用无缝钢管。钢管连接宜采用沟槽连接件（卡箍）和法兰，当采用沟槽连接件连接时，公称直径小于等于 *DN*250 mm 的沟槽式管接头系统工作压力不应大于 2.50 MPa，公称直径大于或等于 *DN*300 mm 的沟槽式管接头系统工作压力不应大于 1.60 MPa。

3.【参考答案】AC

【解析】

（1）减压阀的维护管理应符合下列规定：

1）每月应对减压阀组进行一次放水试验，并应检测和记录减压阀前后的压力，当不符合设计值时应采取满足系统要求的调试和维修等措施。

2）每年应对减压阀的流量和压力进行一次试验。

（2）消防水泵和稳压泵等供水设施的维护管理应符合下列规定：

1）每月应手动启动消防水泵运转一次，并应检查供电电源的情况。

2）每周应模拟消防水泵自动控制的条件自动启动消防水泵运转一次，且应自动记录自动巡检情况，每月应检测记录。

3）每日应对稳压泵的停泵启泵压力和启泵次数等进行检查和记录运行情况。

4）每日应对柴油机消防水泵的启动电池的电量进行检测，每周应检查储油箱的储油量，每月应手动启动柴油机消防水泵运行一次。

5）每季度应对消防水泵的出流量和压力进行一次试验。

6）每月应对气压水罐的压力和有效容积等进行一次检测。

（3）水源的维护管理应符合下列规定：

1）每季度应监测市政给水管网的压力和供水能力。

2）每年应对天然河湖等地表水消防水源的常水位、枯水位、洪水位以及枯水位流量或蓄水量等进行一次检测。

3）每年应对水井等地下水消防水源的常水位、最低水位、最高水位和出水量等进行一次测定。

4）每月应对消防水池、高位消防水池、高位消防水箱等消防水源设施的水位等进行一次检测，消防水池（箱）玻璃水位计两端的角阀在不进行水位观察时应关闭。

5）在冬季每天应对消防储水设施进行室内温度和水温检测，当结冰或室内温度低于5℃时，应采取确保不结冰和室温不低于5℃的措施。

4.【参考答案】CE

【解析】离心式消防水泵吸水管、出水管和阀门等，应符合下列规定：

（1）一组消防水泵，吸水管不应少于两条，当其中一条损坏或检修时，其余吸水管应仍能通过全部消防给水设计流量。

（2）消防水泵吸水管布置应避免形成气囊。

（3）一组消防水泵应设不少于两条的输水干管与消防给水环状管网连接，当其中一条输水管检修时，其余输水管应仍能供应全部消防给水设计流量。

（4）消防水泵吸水口的淹没深度应满足消防水泵在最低水位运行安全的要求，吸水管喇叭口在消防水池最低有效水位下的淹没深度应根据吸水管喇叭口的水流速度和水力条件确定，但不应小于600 mm。当采用旋流防止器时，淹没深度不应小于200 mm。

（5）消防水泵的吸水管上应设置明杆闸阀或带自锁装置的蝶阀，但当设置暗杆阀门时应设有开启刻度和标志；当管径超过DN300时，宜设置电动阀门。

（6）消防水泵的出水管上应设止回阀、明杆闸阀；当采用蝶阀时，应带有自锁装置；当管径大于DN300时，宜设置电动阀门。

（7）消防水泵吸水管的直径小于DN250时，其流速宜为1.0～1.2 m/s；直径大于DN250时，宜为1.2～1.6 m/s。

（8）消防水泵出水管的直径小于DN250时，其流速宜为1.5～2.0 m/s；直径大于DN250时，宜为2.0～2.5 m/s。

（9）吸水井的布置应满足井内水流顺畅、流速均匀、不产生涡漩的要求，并应便于安装施工。

（10）消防水泵的吸水管、出水管道穿越外墙时，应采用防水套管；当穿越墙体和楼板时，应符合《消防给水及消火栓系统技术规范》（GB 50974）相关要求。

（11）消防水泵的吸水管穿越消防水池时，应采用柔性套管；采用刚性防水套管时应在水泵吸水管上设置柔性接头，且管径不应大于 DN150。

5.【参考答案】ADE

【解析】

（1）符合下列条件时，消防给水系统应分区供水：

1）系统工作压力大于 2.40 MPa。

2）消火栓栓口处静压大于 1.0 MPa。

3）自动水灭火系统报警阀处的工作压力大于 1.60 MPa 或喷头处的工作压力大于 1.20 MPa。

（2）采用减压阀减压分区供水时应符合下列规定：

1）每一供水分区应设不少于两组减压阀组，每组减压阀组宜设置备用减压阀。

2）减压阀后应设置安全阀，安全阀的开启压力应能满足系统安全，且不应影响系统的供水安全性。

（3）采用减压水箱减压分区供水时应符合下列规定：减压水箱的有效容积不应小于 18 m^3，且宜分为两格。

（4）采用消防水泵串联分区供水时，宜采用消防水泵转输水箱串联供水方式，并应符合下列规定：当采用消防水泵转输水箱串联时，转输水箱的有效储水容积不应小于 60 m^3，转输水箱可作为高位消防水箱。

6.【参考答案】BC

【解析】喷头的现场检验必须符合下列要求：闭式喷头应进行密封性能试验，以无渗漏、无损伤为合格。试验数量应从每批中抽查 1%，并不得少于 5 只，试验压力应为 3.0 MPa，保压时间不得少于 3 min。当两只及两只以上不合格时，不得使用该批喷头。当仅有一只不合格时，应再抽查 2%，并不得少于 10 只，并重新进行密封性能试验；当仍有不合格时，亦不得使用该批喷头。

阀门及其附件的现场检验应符合下列要求：

（1）报警阀除应有商标、型号、规格等标志外，尚应有水流方向的永久性标志。

（2）报警阀应进行渗漏试验。试验压力应为额定工作压力的 2 倍，保压时间不应少于 5 min，阀瓣处应无渗漏。

7.【参考答案】ABCD

【解析】高位消防水箱应符合下列规定：

（1）高位消防水箱的有效容积、出水、排水和水位等，应符合《消防给水及消火栓系统技术规范》（GB 50974）第 4.3.8 条和第 4.3.9 条的规定。

（2）高位消防水箱的最低有效水位应根据出水管喇叭口和防止旋流器的淹没深度确

定，当采用出水管喇叭口时，应符合《消防给水及消火栓系统技术规范》（GB 50974）第5.1.13条第4款的规定；当采用防止旋流器时应根据产品确定，且不应小于150 mm的保护高度。

（3）高位消防水箱的通气管、呼吸管等应符合《消防给水及消火栓系统技术规范》（GB 50974）第4.3.10条的规定。

（4）高位消防水箱外壁与建筑本体结构墙面或其他池壁之间的净距，应满足施工或装配的需要，无管道的侧面，净距不宜小于0.7 m；安装有管道的侧面，净距不宜小于1.0 m，且管道外壁与建筑本体墙面之间的通道宽度不宜小于0.6 m，设有人孔的水箱顶，其顶面与其上面的建筑物本体板底的净空不应小于0.8 m。

（5）进水管的管径应满足消防水箱8 h充满水的要求，但管径不应小于DN32，进水管宜设置液位阀或浮球阀。

（6）进水管应在溢流水位以上接入，进水管口的最低点高出溢流边缘的高度应等于进水管管径，但最小不应小于100 mm，最大不应大于150 mm。

（7）当进水管为淹没出流时，应在进水管上设置防止倒流的措施或在管道上设置虹吸破坏孔和真空破坏器，虹吸破坏孔的孔径不宜小于管径的1/5，且不应小于25 mm。但当采用生活给水系统补水时，进水管不应淹没出流。

（8）溢流管的直径不应小于进水管直径的2倍，且不应小于DN100，溢流管的喇叭口直径不应小于溢流管直径的1.5 ~ 2.5倍。

（9）高位消防水箱出水管管径应满足消防给水设计流量的出水要求，且不应小于DN100。

（10）高位消防水箱出水管应位于高位消防水箱最低水位以下，并应设置防止消防用水进入高位消防水箱的止回阀。

（11）高位消防水箱的进、出水管应设置带有指示启闭装置的阀门。

8.【参考答案】AB

【解析】

（1）稳压泵宜采用离心泵，并宜符合下列规定：①宜采用单吸单级或单吸多级离心泵；②泵外壳和叶轮等主要部件的材质宜采用不锈钢。

（2）稳压泵的设计流量应符合下列规定：稳压泵的设计流量不应小于消防给水系统管网的正常泄漏量和系统自动启动流量。

（3）设置稳压泵的临时高压消防给水系统应设置防止稳压泵频繁启停的技术措施，当采用气压水罐时，其调节容积应根据稳压泵启泵次数不大于15次/h计算确定，但有效储水容积不宜小于150 L。

（4）稳压泵吸水管应设置明杆闸阀，稳压泵出水管应设置消声止回阀和明杆闸阀。

9.【参考答案】AE

【解析】

（1）采用减压阀减压分区供水时应符合下列规定：

1）消防给水所采用的减压阀性能应安全可靠，并应满足消防给水的要求。

2）减压阀应根据消防给水设计流量和压力选择，且设计流量应在减压阀流量压力特性曲线的有效段内，并校核在 150%设计流量时，减压阀的出口动压不应小于设计值的 65%。

3）每一供水分区应设不少于两组减压阀组，每组减压阀组宜设置备用减压阀。

4）减压阀仅应设置在单向流动的供水管上，不应设置在有双向流动的输水干管上。

5）减压阀宜采用比例式减压阀，当超过 1.20 MPa 时，宜采用先导式减压阀。

6）减压阀的阀前阀后压力比值不宜大于 3∶1，当一级减压阀减压不能满足要求时，可采用减压阀串联减压，但串联减压不应大于两级，第二级减压阀宜采用先导式减压阀，阀前后压力差不宜超过 0.40 MPa。

7）减压阀后应设置安全阀，安全阀的开启压力应能满足系统安全，且不应影响系统的供水。

（2）采用减压水箱减压分区供水时应符合下列规定：

1）减压水箱的有效容积、出水、排水、水位和设置场所，应符合《消防给水及消火栓系统技术规范》（GB 50974）第 4.3.8 条、第 4.3.9 条、第 5.2.5 条和第 5.2.6 条第 2 款的规定。

2）减压水箱的布置和通气管、呼吸管等，应符合《消防给水及消火栓系统技术规范》（GB 50974）第 5.2.6 条第 3 款～第 11 款的规定。

3）减压水箱的有效容积不应小于 18 m^3，且宜分为两格。

4）减压水箱应有两条进、出水管，且每条进、出水管应满足消防给水系统所需消防用水量的要求。

5）减压水箱进水管的水位控制应可靠，宜采用水位控制阀。

6）减压水箱进水管应设置防冲击和溢水的技术措施，并宜在进水管上设置紧急关闭阀门，溢流水宜回流到消防水池。

第二题

1.【参考答案】ABC

【解析】单位的消防安全责任人应当履行下列消防安全职责：

（1）贯彻执行消防法规，保障单位消防安全符合规定，掌握本单位的消防安全情况。

（2）将消防工作与本单位的生产、科研、经营、管理等活动统筹安排，批准实施年度消防工作计划。

（3）为本单位的消防安全提供必要的经费和组织保障。

（4）确定逐级消防安全责任，批准实施消防安全制度和保障消防安全的操作规程。

（5）组织防火检查，督促落实火灾隐患整改，及时处理涉及消防安全的重大问题。

（6）根据消防法规的规定建立专职消防队、志愿消防队。

（7）组织制定符合本单位实际的灭火和应急疏散预案，并实施演练。

2.【参考答案】AB

【解析】选项 C、D、E 也是违反消防安全规定的行为，需要立即整改，但在本题中未提及。

3.【参考答案】ACDE

【解析】选项 B 属于消防安全责任人应当履行的消防安全职责。

4.【参考答案】ABCE

【解析】选项 D 中的“扑救中期火灾”不符合题意。

5.【参考答案】ABCD

【解析】选项 E 属于消防档案中消防安全管理情况。

6.【参考答案】ABCE

【解析】选项 D 属于消防档案中消防安全基本情况。

7.【参考答案】ABC

【解析】建筑外墙采用内保温系统时，保温系统应符合下列规定：

（1）对于人员密集场所，用火、燃油、燃气等具有火灾危险性的场所以及各类建筑内的疏散楼梯间、避难走道、避难间、避难层等场所或部位，应采用燃烧性能为 A 级的保温材料。

（2）对于其他场所，应采用低烟、低毒且燃烧性能不低于 B_1 级的保温材料。

（3）保温系统应采用不燃材料做防护层。采用燃烧性能为 B_1 级的保温材料时，防护层的厚度不应小于 10 mm。

说明：对于建筑外墙的内保温系统，保温材料设置在建筑外墙的室内侧，如果采用可燃、难燃保温材料，遇热或燃烧分解产生的烟气和毒性较大，给人员安全带来较大威胁。因此，《建筑设计防火规范》（GB 50016）规定在人员密集场所，不能采用这种材料做保温材料；其他场所，要严格控制使用，要尽量采用低烟、低毒的材料。

8.【参考答案】ABCD

【解析】单位违反《中华人民共和国消防法》规定，有下列行为之一的，责令改正，处五千元以上五万元以下罚款。

（1）消防设施、器材或者消防安全标志的配置、设置不符合国家标准、行业标准，或者未保持完好有效的。

（2）损坏、挪用或者擅自拆除、停用消防设施、器材的。

（3）占用、堵塞、封闭疏散通道、安全出口或者有其他妨碍安全疏散行为的。

（4）埋压、圈占、遮挡消火栓或者占用防火间距的。

（5）占用、堵塞、封闭消防车通道，妨碍消防车通行的。

（6）人员密集场所在门窗上设置影响逃生和灭火救援的障碍物的。

（7）对火灾隐患经消防机构通知后不及时采取措施消除的。

个人有第 2 项、第 3 项、第 4 项、第 5 项行为之一的，处警告或者五百元以下罚款。

有第 3 项、第 4 项、第 5 项、第 6 项行为，经责令改正拒不改正的，强制执行，所需费用由违法行为人承担。

依法应当进行消防验收的建设工程，未经消防验收或者消防验收不合格，擅自投入使用的，责令停止施工、停止使用或者停产停业，并处三万元以上三十万元以下罚款。

9.【参考答案】BDE

【解析】高层民用建筑，超过 3 000 个座位的体育馆，超过 2 000 个座位的会堂，占地面积大于 3 000 m^2 的商店建筑、展览建筑等单、多层公共建筑应设置环形消防车道，确有困难时，可沿建筑的两个长边设置消防车道；对于高层住宅建筑和山坡地或河道边临空建造的高层民用建筑，可沿建筑的一个长边设置消防车道，但该长边所在建筑立面应为消防车登高操作面。

工厂、仓库区内应设置消防车道。高层厂房，占地面积大于 3 000 m^2 的甲、乙、丙类厂房和占地面积大于 1 500 m^2 的乙、丙类仓库，应设置环形消防车道，确有困难时，应沿建筑物的两个长边设置消防车道。

第三题

1.【参考答案】按照《建筑设计防火规范》要求，该厂房应设置自喷系统。丙类多层厂房最大防火分区面积应为 $4\ 000 \times 2=8\ 000<8\ 500\ m^2$。因此，划分为一个防火分区，不合理，需要设置至少两个防火分区。

2.【参考答案】

（1）本题中，建筑面积为 60 m^2 的中间仓库与其他部位采用耐火极限 3.00 h 的防火墙，不合理。应采用 4.0 h 的防火墙。

（2）本题中，办公区、休息区与其他部位采用耐火极限 2.00 h 的防火隔墙、1.50 h 的楼板，通过该门进行疏散，不合理。应采用耐火极限 2.5 h 的防火隔墙和 1.0 h 的楼板进行分隔，并应设置独立的安全出口。

【解析】

（1）员工宿舍严禁设置在厂房内。办公室、休息室等不应设置在甲、乙类厂房内，确需贴邻本厂房时，其耐火等级不应低于二级，并应采用耐火极限不低于 3.00 h 的防爆墙与厂房分隔，且应设置独立的安全出口。办公室、休息室设置在丙类厂房内时，应采用耐火极限不低于 2.50 h 的防火隔墙和 1.00 h 的楼板与其他部位分隔，并应至少设置 1 个独立的安全出口。如隔墙上需开设相互连通的门时，应采用乙级防火门。

（2）厂房内设置中间仓库时，应符合下列规定：

1）甲、乙类中间仓库应靠外墙布置，其储量不宜超过 1 昼夜的需要量。

2）甲、乙、丙类中间仓库应采用防火墙和耐火极限不低于 1.50 h 的不燃性楼板与其他部位分隔。

3）丁、戊类中间仓库应采用耐火极限不低于 2.00 h 的防火隔墙和 1.00 h 的楼板与其他部位分隔。

4）仓库的耐火等级和面积应符合《建筑设计防火规范》第 3.3.2 条和第 3.3.3 条的规定。

（3）甲、乙类厂房和甲、乙、丙类仓库内的防火墙，其耐火极限不应低于 4.00 h。

3.【参考答案】

（1）本题中，消防车道距离建筑外墙 4 m，不合理。应至少为 5 m。

（2）本题中，仅在该厂房的第二、第三层设置消防救援窗口，不合理。应该每层都设置。

（3）本题中，在厂房的第二、第三层均设置了两个消防救援窗口，不合理。该厂房每层应划分为至少两个防火分区，每个防火分区应设置两个消防救援窗口，故每层应至少设置 4 个消防救援窗口。

【解析】

（1）消防车道应符合下列要求：

1）车道的净宽度和净空高度均不应小于 4.0 m。

2）转弯半径应满足消防车转弯的要求。

3）消防车道与建筑之间不应设置妨碍消防车操作的树木、架空管线等障碍物。

4）消防车道靠建筑外墙一侧的边缘距离建筑外墙不宜小于 5 m。

5）消防车道的坡度不宜大于 8%。

（2）厂房、仓库、公共建筑的外墙应在每层的适当位置设置可供消防救援人员进入的窗口。

说明：本条为强制性条文。本条是根据近些年我国建筑发展和实际灭火中总结的经验教训确定的。

过去，绝大部分建筑均开设有外窗。而现在，不仅仓库、洁净厂房无外窗或外窗开设少，而且一些大型公共建筑，如商场、商业综合体、设置玻璃幕墙或金属幕墙的建筑等，在外墙上均很少设置可直接开向室外并可供人员进入的外窗。而在实际火灾事故中，大部分建筑的火灾在消防队到达时均已发展到比较大的规模，从楼梯间进入有时难以直接接近火源，但灭火时只有将灭火剂直接作用于火源或燃烧的可燃物，才能有效地灭火。因此，在建筑的外墙设置可供专业消防人员使用的入口，对于方便消防人员灭火救援十分必要。救援窗口的设置既要结合楼层走道在外墙上的开口，还要结合避难层、避难间以及救援场地，在外墙上选择合适的位置进行设置。

（3）供消防救援人员进入的窗口的净高度和净宽度均不应小于 1.0 m，下沿距室内地面不宜大于 1.2 m，间距不宜大于 20 m 且每个防火分区不应少于 2 个，设置位置应与消防车登高操作场地相对应。窗口的玻璃应易于破碎，并应设置可在室外易于识别的明显标志。

说明：本条确定的救援窗口大小是满足一个消防员背负基本救援装备进入建筑的基本尺寸。为方便实际使用，不仅该开口的大小要在本条规定的基础上适当增大，而且其位置、标识设置也要便于消防员快速识别和利用。

4.【参考答案】

（1）本题中，车间之间通过净宽度均为 1.30 m 的疏散走道分隔，不合理。最小疏散走道宽度为 1.40 m。

（2）本题中，厂房内任一点至最近安全出口的直线距离均不大于 75 m，不合理。应不超过 60 m。

【解析】厂房内任一点至最近安全出口的直线距离不应大于下表的规定。

厂房内任一点至最近安全出口的直线距离 （单位：m）

生产的火灾危险性类别	耐火等级	单层厂房	多层厂房	高层厂房	地下或半地下厂房（包括地下或半地下室）
甲	一、二级	30	25	—	—
乙	一、二级	75	50	30	—
丙	一、二级 三级	80 60	60 40	40 —	30 —
丁	一、二级 三级 四级	不限 60 50	不限 50 —	50 — —	45 — —
戊	一、二级 三级 四级	不限 100 60	不限 75 —	75 — —	60 — —

厂房内疏散楼梯、走道、门的各自总净宽度，应根据疏散人数按每 100 人的最小疏散净宽度不小于下表的规定计算确定。但疏散楼梯的最小净宽度不宜小于 1.10 m，疏散走道的最小净宽度不宜小于 1.40 m，门的最小净宽度不宜小于 0.90 m。

厂房内疏散楼梯、走道和门的每 100 人最小疏散净宽度

厂房层数（层）	1 ~ 2	3	≥ 4
最小疏散净宽度（m/ 百人）	0.60	0.80	1.00

5.【参考答案】

（1）本题中，与南侧的某金属抛光车间防火间距不符合要求，该车间耐火等级为二级且为高层，防火间距 12 m，不符合要求。最小防火间距应为 13 m。

（2）本题中，北侧的某单层甲醇仓库，防火间距 14 m，不符合要求。最小防火间距应为 15 m。

第四题

1.【参考答案】水泵出水管路处压力表的安装位置不正确。

水泵出水管路处压力表应安装在止回阀的上游管道，防止压力表受水锤的影响。

2.【参考答案】水泵吸水管上应安装与出水管相同规格、型号的压力表，这种说法是错误的。

消防水泵吸水管上应安装真空表、压力表或者真空压力表。压力表的最大量程应根据工程具体情况确定，但不应低于 0.70 MPa，真空表的最大量程宜为 –0.10 MPa。

消防水泵出水管上应安装压力表，最大量程不应低于其设计工作压力的 2 倍，且不应低于 1.60 MPa。

3.【参考答案】消防技术服务机构人员认为该大厦钢屋架处独立的自动喷水灭火管网上应安装湿式报警阀及水流指示器，这种说法部分正确。保护钢屋架的闭式系统应为独立的自动喷水灭火系统，所以应该设置独立的湿式报警阀组，这是正确的。水流指示器的功能，是及时报告发生火灾的部位，当湿式报警阀组仅用于保护钢屋架时，压力开关和水力警铃即可起到这种作用，故钢屋架处的自动喷水灭火系统无须设置水流指示器。

【解析】

保护室内钢屋架等建筑构件的闭式系统应设独立的报警阀组。水幕系统应设独立的报警阀组或感温雨淋报警阀。

说明：为钢屋架等建筑构件建立的闭式系统，功能与用于扑救地面火灾的闭式系统不同，为便于分别管理，规定单独设置报警阀组。

4.【参考答案】可能导致报警阀异常灵敏且频繁启动的原因有以下几方面：

（1）报警管路安装错误，安装在了系统供水侧。解决办法：调整报警管路的安装。

（2）延迟器下方节流孔板堵塞，以至于报警阀一侧微小的压力变动都会使得水能够充满延迟器进而进入水力警铃。解决办法：卸下筒体，拆下孔板进行清洗。

（3）系统管路渗漏严重，导致阀瓣经常开启。解决办法：全面检查系统侧管路和附件，修补渗漏。

（4）系统侧喷头损坏漏水，导致报警阀一直动作误报警。解决办法：全面检查系统侧喷头，替换已损坏喷头。

（5）报警阀组阀瓣密封垫老化或者损坏。解决办法：更换报警阀组阀瓣密封垫。

5.【参考答案】可能导致自动喷水灭火系统主、备用水泵出水管路压力为零的原因有以下几方面：

（1）消防水池补水不足，消防水池液位降低到水泵吸水口以下水位。

（2）消防水池容积过小，水量不足。

（3）压力表安装位置错误，压力表安装在了测试管路。

（4）压力表测试管路控制阀关闭，无法测试。

（5）压力表本身损坏。

第五题

1.【参考答案】火灾自动报警系统存在以下几方面问题：

（1）备用电源工作 5 min 后控制器即自行关机。说明备用电源电量不足。

（2）控制器上显示 48 条探测器故障信息。系统总线上应设置总线短路隔离器，每只总线短路隔离器保护的火灾探测器、手动火灾报警按钮和模块等消防设备的总数不应超过 32 点。

（3）检测过程中控制器显示屏上显示 2 只感烟探测器报故障情况。现场拆下 1 只探测器进行短路，应显示 1 只感烟探测器报故障。

【解析】

（1）消防设备应急电源输出功率应大于火灾自动报警及联动控制系统全负荷功率的 120%，蓄电池组的容量应保证火灾自动报警及联动控制系统在火灾状态同时工作负荷条件下连续工作 3 h 以上。

（2）系统总线上应设置总线短路隔离器，每只总线短路隔离器保护的火灾探测器、手动火灾报警按钮和模块等消防设备的总数不应超过32点；总线穿越防火分区时，应在穿越处设置总线短路隔离器。

说明：本条规定了总线上设置短路隔离器的要求，规定每个短路隔离器保护的现场部件的数量不应超过32点，是考虑一旦某个现场部件出现故障，短路隔离器在对故障部件进行隔离时，可以最大限度地保障系统的整体功能不受故障部件的影响。

2.【参考答案】检测人员处理探测器故障的方式不正确。

控制器显示屏上2只感烟探测器故障情况，更换新的探测器后仍然显示故障，检测人员应该对可能导致探测器故障的原因进行逐一排查，找到具体原因再予以解决。

探测器故障的原因可能有：

（1）探测器与底座脱落，接触不良。

（2）报警总线与底座接触不良。

（3）报警总线开路或接地性能不良造成短路。

（4）探测器本身损坏。

（5）探测器接口板故障。

3.【参考答案】不符合规范之处主要有：

（1）垂直管路上每隔4 m设置1个采样孔，不符合规范。垂直管路采样时间隔不应超过3 m。

（2）随机选择一个采样孔加烟进行报警功能测试，不符合规范要求。应逐一在采样管最末端（最不利处）采样孔加入试验烟进行测试。

（3）125 s后探测器报警，不符合规范要求。探测器应在120 s内发出火灾报警信号。

（4）封堵末端采样孔后，120 s时探测器报气流故障，不符合规范要求。探测器应在100 s内发出故障信号。

【解析】

（1）当采样管道布置形式为垂直采样时，每2℃温差间隔或3 m间隔（取最小者）应设置一个采样孔，采样孔不应背对气流方向。

（2）在采样管最末端（最不利处）采样孔加入试验烟，探测器或其控制装置应在120 s内发出火灾报警信号。检查数量：全数检查。检验方法：秒表测量，观察检查。

（3）根据产品说明书，改变探测器的采样管路气流，使探测器处于故障状态，探测器或其控制装置应在100 s内发出故障信号。检查数量：全数检查。检验方法：秒表测量，观察检查。

4.【参考答案】

（1）喷淋泵一直未启动，不符合规范要求。

开启末端试水装置，湿式报警阀、压力开关随之动作，压力开关应可以直接连锁启动喷淋泵，而与火灾报警控制器的联动启泵功能状态为“自动”或“手动”无关。

（2）联动启泵不符合规范要求，联动启泵需要2路信号，这里只有一个压力开关的反馈信号，并未提到火灾报警器或手报的信号。

【解析】湿式系统和干式系统的联动控制设计，应符合下列规定：

（1）联动控制方式，应由湿式报警阀压力开关的动作信号作为触发信号，直接控制启动喷淋消防泵，联动控制不应受消防联动控制器处于自动或手动状态影响。

（2）手动控制方式，应将喷淋消防泵控制箱（柜）的启动、停止按钮用专用线路直接连接至设置在消防控制室内的消防联动控制器的手动控制盘，直接手动控制喷淋消防泵的启动、停止。

（3）水流指示器、信号阀、压力开关、喷淋消防泵的启动和停止的动作信号应反馈至消防联动控制器。

说明：当发生火灾时，湿式系统和干式系统的喷头的闭锁装置溶化脱落，水自动喷出，安装在管道上的水流指示器报警，报警阀组的压力开关动作报警，并由压力开关直接连锁启动供水泵向管网持续供水。

以前通常使用喷淋消防泵的启动信号作为系统的联动反馈信号，该信号取自供水泵主回路接触器辅助接点，此种设计的缺点是如果供水泵电动机出现故障，供水泵虽未启动，但反馈信号表示已经启动了。而反馈信号取自干管水流指示器，则能真实地反映喷淋消防泵的工作状态。

系统在手动控制方式时，如果发生火灾，可以通过操作设置在消防控制室内消防联动控制器的手动控制盘直接开启供水泵。

5.【参考答案】

（1）两路信号后，配电室内声光报警器随之启动，不符合规范。应该在一路信号后，配电室内声光报警器就可以启动。

（2）两类不同探测器发出火灾报警信号后，气体灭火控制器一直未输出灭火启动及联动控制信号，不符合规范。气体灭火控制器应可以输出灭火启动及联动控制信号。

（3）按下气体灭火控制器上的启动按钮，气体灭火控制器仍然一直没有输出灭火启动及联动控制信号，不符合规范。系统可以手动控制。

【解析】气体灭火控制器、泡沫灭火控制器直接连接火灾探测器时，气体灭火系统、泡沫灭火系统的自动控制方式应符合下列规定：

（1）应由同一防护区域内两只独立的火灾探测器的报警信号、一只火灾探测器与一只手动火灾报警按钮的报警信号或防护区外的紧急启动信号，作为系统的联动触发信号，探测器的组合宜采用感烟火灾探测器和感温火灾探测器，各类探测器应按《火灾自动报警系统设计规范》（GB 50116）第 6.2 节的规定分别计算保护面积。

（2）气体灭火控制器、泡沫灭火控制器在接收到满足联动逻辑关系的首个联动触发信号后，应启动设置在该防护区内的火灾声光警报器，且联动触发信号应为任一防护区域内设置的感烟火灾探测器、其他类型火灾探测器或手动火灾报警按钮的首次报警信号；在接收到第二个联动触发信号后，应发出联动控制信号，且联动触发信号应为同一防护区域内与首次报警的火灾探测器或手动火灾报警按钮相邻的感温火灾探测器、火焰探测器或手动火灾报警按钮的报警信号。

（3）联动控制信号应包括下列内容：①关闭防护区域的送（排）风机及送（排）风

阀门；②停止通风和空调系统及关闭设置在该防护区域的电动防火阀；③联动控制防护区域开口封闭装置的启动，包括关闭防护区域的门、窗；④启动气体灭火装置、泡沫灭火装置，气体灭火控制器、泡沫灭火控制器，可设定不大于 30 s 的延迟喷射时间。

（4）平时无人工作的防护区，可设置为无延迟的喷射，应在接收到满足联动逻辑关系的首个联动触发信号后执行除启动气体灭火装置、泡沫灭火装置外的联动控制；在接收到第二个联动触发信号后，应启动气体灭火装置、泡沫灭火装置。

（5）气体灭火防护区出口外上方应设置表示气体喷洒的火灾声光警报器，指示气体释放的声信号应与该保护对象中设置的火灾声警报器的声信号有明显区别。启动气体灭火装置、泡沫灭火装置的同时，应启动设置在防护区入口处表示气体喷洒的火灾声光警报器；组合分配系统应首先开启相应防护区域的选择阀，然后启动气体灭火装置、泡沫灭火装置。

说明：本条规定了气体灭火控制器、泡沫灭火控制器直接连接火灾探测器时，气体灭火系统、泡沫灭火系统的自动控制方式的联动控制设计要求。气体灭火系统、泡沫灭火系统防护区域内设置的火灾探测器报警的可靠性非常重要。因此，电子计算机机房和电子信息系统机房等采用气体灭火系统、泡沫灭火系统防护的场所通常设置两种火灾探测器，即感烟火灾探测器和感温火灾探测器组成“与”逻辑作为系统的联动触发信号，这样设置的目的是提高系统动作的可靠性，将误触发率降低至最小。感烟火灾探测器报警，表示有火灾发生，感温火灾探测器报警，表示火灾已经发展到一定程度了，应该启动气体灭火装置、泡沫灭火装置实施灭火。对于有人确认火灾的场所，也可采用同一区域内的一只火灾探测器及一只手动报警按钮的报警信号组成“与”逻辑作为联动触发信号。

发生火灾时，气体灭火控制器、泡沫灭火控制器接收到第一个火灾报警信号后，启动防护区内的火灾声光警报器，警示处于防护区域内的人员撤离；接收到第二个火灾报警信号后，联动关闭排风机、防火阀、空气调节系统、启动防护区域开口封闭装置，并根据人员安全撤离防护区的需要，延时不大于 30 s 后开启选择阀（组合分配系统）和启动阀，驱动瓶内的气体开启灭火剂储罐瓶头阀，灭火剂喷出实施灭火，同时启动安装在防护区门外的指示灭火剂喷放的火灾声光报警器（带有声警报的气体释放灯）；管道上的自锁压力开关动作，动作信号反馈给气体灭火控制器、泡沫灭火控制器。

启动安装在防护区门外指示灭火剂喷放的火灾声光报警器（带有声警报的气体释放灯）是防止气体灭火防护区在气体释放后出现人员误入现象，根据国家标准《气体灭火系统设计规范》（GB 50370）的规定，防护区内应设火灾声报警器（一级报警时动作），防护区的入口处应设火灾声光报警器（防护区内气体释放后动作），防护区内声报警器动作提醒防护区内人员迅速撤离，防护区入口处火灾声、光报警器提醒人员不要误入，本条特规定指示气体释放的声信号应与同建筑中设置的火灾声警报器的声信号有明显区别，以便有关人员明确现场情况。

设定不大于 30 s 的延时主要是为了防止火灾发展迅速，防护区内的人员尚未疏散，感温火灾探测器已经动作，气体灭火控制器、泡沫灭火控制器按控制逻辑启动了气体灭火装置，影响人员疏散、危及人员生命安全，同时也为人工确认提供一定时间。

6.【参考答案】气体灭火控制器没有输出灭火启动及联动控制信号的原因包括：

（1）气体灭火控制器输入输出控制模块损坏。

（2）气体灭火控制器显示装置损坏，无法显示。

（3）气体灭火控制器通信控制单元损坏。

（4）逻辑错误。

（5）设备本身无法启动。

第六题

1.【参考答案】该仓库耐火等级为二级。

【解析】不同耐火等级厂房和仓库建筑构件的燃烧性能和耐火极限见下表。

不同耐火等级厂房和仓库建筑构件的燃烧性能和耐火极限 （单位：h）

构件名称		耐火等级			
		一级	二级	三级	四级
墙	防火墙	不燃性 3.00	不燃性 3.00	不燃性 3.00	不燃性 3.00
	承重墙	不燃性 3.00	不燃性 2.50	不燃性 2.00	难燃性 0.50
	楼梯间和前室的墙 电梯井的墙	不燃性 2.00	不燃性 2.00	不燃性 1.50	难燃性 0.50
	疏散走道两侧的隔墙	不燃性 1.00	不燃性 1.00	不燃性 0.50	难燃性 0.25
	非承重外墙 房间隔墙	不燃性 0.75	不燃性 0.50	不燃性 0.50	难燃性 0.25
柱		不燃性 3.00	不燃性 2.50	不燃性 2.00	难燃性 0.50
梁		不燃性 2.00	不燃性 1.50	不燃性 1.00	难燃性 0.50
楼板		不燃性 1.50	不燃性 1.00	不燃性 0.75	难燃性 0.50
屋顶承重构件		不燃性 1.50	不燃性 1.00	难燃性 0.50	可燃性
疏散楼梯		不燃性 1.50	不燃性 1.00	不燃性 0.75	可燃性
吊顶（包括吊顶格栅）		不燃性 0.25	难燃性 0.25	难燃性 0.15	可燃性

除甲、乙类仓库和高层仓库外，一、二级耐火等级建筑的非承重外墙，当采用不燃性墙体时，其耐火极限不应低于 0.25 h；当采用难燃性墙体时，其耐火极限不应低于 0.50 h。

2.【参考答案】

一层：桶装润滑油火灾危险性为丙类，故一层火灾危险性为丙类。

二层：水泥刨花板火灾危险性为丁类，故二层火灾危险性为丁类。

三至六层：皮毛制品火灾危险性为丙类，故三至六层火灾危险性为丙类。

地下室：储存玻璃制品，每件玻璃制品重 100 kg，其木质包装重 20 kg，包装重量为物品重量的 1/5，故火灾危险性仍按玻璃制品确定，为戊类。

仓库整体按火灾危险性较大的楼层确定，为丙类。

【解析】

（1）丁、戊类储存物品仓库的火灾危险性，当可燃包装重量大于物品本身重量 1/4 或可燃包装体积大于物品本身体积的 1/2 时，应按丙类确定。

说明：丁、戊类物品本身虽属难燃烧或不燃烧物质，但有很多物品的包装是可燃的木箱、纸盒、泡沫塑料等。据调查，有些仓库内的可燃包装物，多者在 100 ~ 300 kg/m^2，少者也有 30 ~ 50 kg/m^2。因此，这两类仓库除考虑物品本身的燃烧性能外，还要考虑可燃包装的数量，在防火要求上应较丁、戊类仓库严格。

在执行本条时，要注意有些包装物与被包装物品的重量比虽然小于 1/4，但包装物（如泡沫塑料等）的单位体积重量较小，极易燃烧且初期燃烧速率较快、释热量大，如果仍然按照丁、戊类仓库来确定则可能出现与实际火灾危险性不符的情况。因此，针对这种情况，当可燃包装体积大于物品本身体积的 1/2 时，要相应提高该库房的火灾危险性类别。

（2）同一座仓库或仓库的任一防火分区内储存不同火灾危险性物品时，仓库或防火分区的火灾危险性应按火灾危险性最大的物品确定。

说明：本条规定了同一座仓库或其中同一防火分区内存在多种火灾危险性的物质时，确定该建筑或区域火灾危险性的原则。

一个防火分区内存放多种可燃物时，火灾危险性分类原则应按其中火灾危险性大的确定。当数种火灾危险性不同的物品存放在一起时，建筑的耐火等级、允许层数和允许面积均要求按最危险者的要求确定。如：同一座仓库存放有甲、乙、丙三类物品，仓库就需要按甲类储存物品仓库的要求设计。

此外，甲、乙类物品和一般物品以及容易相互发生化学反应或者灭火方法不同的物品，必须分间、分库储存，并在醒目处标明储存物品的名称、性质和灭火方法。因此，为了有利于安全和便于管理，同一座仓库或其中同一个防火分区内，要尽量储存一种物品。如有困难需将数种物品存放在一座仓库或同一个防火分区内时，存储过程中要采取分区域布置，但性质相互抵触或灭火方法不同的物品不允许存放在一起。

3.【参考答案】

（1）关于层数：该仓库地上共 6 层，不符合规范要求。该建筑火灾危险性为丙类，耐火等级为二级，丙类 1 项最多允许层数为 5 层，丙类 2 项最多允许层数不限，按严格计算，最多允许层数为 5 层。

解决方案：改变仓库储存物品种类，仓库最高火灾危险性为丙类 2 项（可燃固体），其最多允许层数不限。

（2）关于面积：该仓库占地面积 6 000 m^2，不符合规范要求。一、二级耐火等级的多层丙类 1 项火灾危险性仓库的占地面积最大为 2 800 m^2，设自动喷水灭火系统时，最大占地面积为 5 600 m^2。

解决方案：改变仓库储存物品种类，仓库最高火灾危险性为丙类 2 项（可燃固体）。

（3）关于平面布置：该仓库设置员工宿舍，不符合规范要求。员工宿舍严禁设置在仓库内，故应将员工宿舍移出仓库。

（4）走道与仓库的门采用双向弹簧门，不符合规范要求。通向走道的门应为乙级防火门。

解决方案：将双向弹簧门改为乙级防火门。

【解析】员工宿舍严禁设置在仓库内。办公室、休息室等严禁设置在甲、乙类仓库内，也不应贴邻。办公室、休息室设置在丙、丁类仓库内时，应采用耐火极限不低于 2.50 h 的防火隔墙和 1.00 h 的楼板与其他部位分隔，并应设置独立的安全出口。隔墙上需开设相互连通的门时，应采用乙级防火门。

4.【参考答案】该仓库应设自动喷水灭火系统，仓库整体按危险性最大的物品确定，也即按丙类 1 项确定。

丙类 1 项多层仓库每个防火分区最大允许建筑面积为 $700\times2=1\ 400$ m^2，地上每层建筑面积均为 5 600 m^2，故至少应划分为 4 个建筑面积不大于 1 400 m^2 的防火分区。

丙类 1 项地下仓库每个防火分区最大允许建筑面积为 $150\times2=300$ m^2。建筑面积为 1 000 m^2，至少应划分为 4 个建筑面积不大于 300 m^2 的防火分区。

【解析】该仓库按照规范要求设置了自动喷水灭火系统，参见《建筑设计防火规范》（GB 50016）。

除上述规范另有规定和不宜用水保护或灭火的仓库外，下列仓库应设置自动灭火系统，并宜采用自动喷水灭火系统：

（1）每座占地面积大于 1 000 m^2 的棉、毛、丝、麻、化纤、毛皮及其制品的仓库；

注：单层占地面积不大于 2 000 m^2 的棉花库房，可不设置自动喷水灭火系统。

（2）每座占地面积大于 600 m^2 的火柴仓库；

（3）邮政建筑内建筑面积大于 500 m^2 的空邮袋库；

（4）可燃、难燃物品的高架仓库和高层仓库；

（5）设计温度高于 0℃的高架冷库，设计温度高于 0℃且每个防火分区建筑面积大于 1 500 m^2 的非高架冷库；

（6）总建筑面积大于 500 m^2 的可燃物品地下仓库；

（7）每座占地面积大于 1 500 m^2 或总建筑面积大于 3 000 m^2 的其他单层或多层丙类物品仓库。

5.【参考答案】

（1）走道通向仓库的门为双向弹簧门，不符合要求。应改为乙级防火门。

（2）通向疏散走道或楼梯间的门采用能阻挡烟气侵入的双向弹簧门，不符合要求。应改为乙级防火门。

【解析】办公室、休息室设置在丙、丁类仓库内时，应采用耐火极限不低于 2.50 h 的防火隔墙和 1.00 h 的楼板与其他部位分隔，并应设置独立的安全出口。隔墙上需开设相互连通的门时，应采用乙级防火门。

6.【参考答案】此做法不可行。甲醇仓库火灾危险性为甲类，甲类仓库不应设置在地下室或半地下室。

【解析】甲、乙类生产场所（仓库）不应设置在地下室或半地下室。

消防安全案例分析
模拟测试（二）参考答案及解析

第一题

1.【参考答案】DE

【解析】消防水池有效容积 = 出水 − 补水。

（1）消防水池有效容积的计算应符合下列规定：

1）当市政给水管网能保证室外消防给水设计流量时，消防水池的有效容积应满足在火灾延续时间内室内消防用水量的要求。

2）当市政给水管网不能保证室外消防给水设计流量时，消防水池的有效容积应满足火灾延续时间内室内消防用水量和室外消防用水量不足部分之和的要求。

（2）建筑室外消火栓的数量应根据室外消火栓设计流量和保护半径经计算确定，保护半径不应大于 150.0 m，每个室外消火栓的出流量宜按 10 ~ 15 L/s 计算。

（3）当市政给水管网设有市政消火栓时，其平时运行工作压力不应小于 0.14 MPa，火灾时水力最不利市政消火栓的出流量不应小于 15 L/s，且供水压力从地面算起不应小于 0.10 MPa。

结合题干，小区南北侧市政道路上各有一条 *DN*300 mm 的市政给水管，供水压力为 0.25 MPa，故满足室外消火栓流量要求，只需计算火灾延续时间内室内消防用水量。

（4）一起火灾灭火所需消防用水的设计流量应由建筑的室外消火栓系统、室内消火栓系统、自动喷水灭火系统、泡沫灭火系统、水喷雾灭火系统、固定消防炮灭火系统、固定冷却水系统等需要同时作用的各种水灭火系统的设计流量组成，并应符合下列规定：

1）应按需要同时作用的各种水灭火系统最大设计流量之和确定。

2）两座及以上建筑合用消防给水系统时，应按其中一座设计流量最大者确定。

（5）火灾时消防水池连续补水应符合下列规定：

1）消防水池应采用两路消防给水。

2）火灾延续时间内的连续补水流量应按消防水池最不利进水管供水量计算，并可按以下公式计算：

$$q_f=3\,600Av$$

式中　q_f——火灾时消防水池的补水流量（m^3/h）；

A——消防水池进水管断面面积（m^2）；

v——管道内水的平均流速（m/s）。

3）消防水池进水管管径和流量应根据市政给水管网或其他给水管网的压力、入户引入管管径、消防水池进水管管径，以及火灾时其他用水量等经水力计算确定，当计算条件不具备时，给水管的平均流速不宜大于 1.5 m/s。

结论：根据案例背景得知，可以扣减，按补水量为 50 m^3 扣减。

计算：20 L/s × 2 h × 3.6−50 m^3 × 2 h=44 m^3

2.【参考答案】DE

【解析】埋地金属管道的管顶覆土应符合下列规定：

（1）管道最小管顶覆土应按地面荷载、埋深荷载和冰冻线对管道的综合影响确定。

（2）管道最小管顶覆土不应小于 0.70 m；但当在机动车道下时管道最小管顶覆土应经计算确定，并不宜小于 0.90 m。

（3）管道最小管顶覆土应至少在冰冻线以下 0.30 m。

说明：本条规定了室外金属管道埋地时的管顶覆土深度要求。管顶覆土应考虑埋深荷载以及机动车荷载对管道的影响，在严寒、寒冷地区还应考虑冰冻线的位置，以保证管道防冻。因消防给水管道平时不流动，所以与冰冻线的净距比自来水管线要求大。

题干冰冻线深度为 0.85 m，覆土深度为 1.15 m 以上。

3.【参考答案】ABCD

【解析】市政消火栓的保护半径不应超过 150 m，间距不应大于 120 m。市政消火栓应布置在消防车易于接近的人行道和绿地等地点，且不应妨碍交通，并应符合下列规定：①市政消火栓距路边不宜小于 0.5 m，并不应大于 2.0 m；②市政消火栓距建筑外墙或外墙边缘不宜小于 5.0 m。

说明：本条规定了市政消火栓的布置原则和技术参数，目的是保护市政消火栓的自身安全，以及使用时的人员安全，且不妨碍公共交通等。

为便于消防车从消火栓取水和保证市政消火栓自身和使用时人身安全，规定距路边 0.5 ~ 2 m 范围内设置，距建筑物外墙不宜小于 5 m。

4.【参考答案】ABD

【解析】消火栓验收应符合下列要求：

（1）消火栓的设置场所、位置、规格、型号应符合设计要求和《消防给水及消火栓设计规范》第 7.2 节 ~ 第 7.4 节的有关规定。

（2）室内消火栓的安装高度应符合设计要求。

（3）消火栓的设置位置应符合设计要求和《消防给水及消火栓设计规范》第 7 章的有关规定，并应符合消防救援和火灾扑救工艺的要求。

（4）消火栓的减压装置和活动部件应灵活可靠，栓后压力应符合设计要求。

5.【参考答案】DE

【解析】消防水泵控制柜设置在专用消防水泵控制室时，其防护等级不应低于 IP30；与消防水泵设置在同一空间时，其防护等级不应低于 IP55。

说明：本条为强制性条文，必须严格执行。消防水泵房内有压水管道多，一旦因压力过高如水锤等原因而泄漏，当喷泄到消防水泵控制柜时有可能影响控制柜的运行，导致供水可靠性降低，因此要求控制柜的防护等级不应低于IP55，IP55是防尘防射水。当控制柜设置在专用的控制室，根据国家标准，控制室不允许有管道穿越，因此消防水泵控制柜的防护等级可适当降低，IP30即能满足防尘要求。

6.【参考答案】BCD

【解析】消防水泵的选择和应用应符合下列规定：

（1）消防水泵的性能应满足消防给水系统所需流量和压力的要求。

（2）消防水泵所配驱动器的功率应满足所选水泵流量扬程性能曲线上任何一点运行所需功率的要求。

（3）当采用电动机驱动的消防水泵时，应选择电动机干式安装的消防水泵。

（4）流量扬程性能曲线应为无驼峰、无拐点的光滑曲线，零流量时的压力不应大于设计工作压力的140%，且宜大于设计工作压力的120%。

（5）当出流量为设计流量的150%时，其出口压力不应低于设计工作压力的65%。

（6）泵轴的密封方式和材料应满足消防水泵在低流量时运转的要求。

（7）消防给水同一泵组的消防水泵型号宜一致，且工作泵不宜超过3台。

（8）多台消防水泵并联时，应校核流量叠加对消防水泵出口压力的影响。

说明：上述第（1）~（3）项为强制性条文，必须严格执行。

消防水泵选择的技术规定如下：

（1）消防水泵的选择应满足消防给水系统的流量和压力需求，是消防水泵选择的最基本规定。

（2）消防水泵在运行时可能在曲线上任何一个点，因此要求电机功率能满足流量扬程性能曲线上任何一个点的运行要求。

（3）电机湿式安装维修时有一定困难，有时要排空消防水池才能维修，造成消防给水的可靠性降低。电机在水中，电缆漏电会给操作人员和系统带来危险，因此，从安全可靠性和可维修性来讲，《消防给水及消火栓系统技术规范》（GB 50974）规定采用干式电机安装。

（4）消防水泵的运行可能在水泵性能曲线的任何一点，因此要求其流量扬程性能曲线应平缓无驼峰，这样可能避免水泵喘振运行。消防水泵零流量时的压力不应超过额定设计压力的140%，是防止系统在小流量运行时压力过高，造成系统管网投资过大，或者系统超压过大。零流量时的压力不宜小于额定压力的120%，是因为消防给水系统的控制和防止超压等都是通过压力来实现的，如果消防水泵的性能曲线没有一定的坡度，实现压力和水力控制就有一定难度，因此规定了消防水泵零流量时压力的上限和下限。

7.【参考答案】AB

【解析】消防水泵控制柜应有显示消防水泵工作状态和故障状态的输出端子及远程控制消防水泵启动的输入端子。控制柜应具有自动巡检可调、显示巡检状态和信号等功能，且对话界面应有汉语语言，图标应便于识别和操作。

8.【参考答案】AD

【解析】在竣工验收三年后的日常运行中，消防水泵经常发生误动作。勘查原因后发现，高位消防水箱的补水量与竣工验收时相比增加了1倍。说明系统渗漏严重，故选项A正确。系统管网泄漏量测试结果为0.75 L/s，高位消防水箱出水管上设置流量开关，动作流量设定值为1.75 L/s。竣工验收三年后补水量提高一倍，则提高流量开关启动流量至：$0.75 \times 2 + (1.75 - 0.75) = 2.5$ L/s，故选项D正确。

选项B，即使更换流量开关，如果启动流量是1.75 L/s的话，仍不能解决问题。

消防水泵应由消防水泵出水干管上设置的压力开关、高位消防水箱出水管上的流量开关，或报警阀压力开关等开关信号应能直接自动启动消防水泵。消防水泵房内的压力开关宜引入消防水泵控制柜内。

说明：本条规定了消防水泵自动启动信号的采集原则性技术规定。

国际上发达国家常用的启泵信号是压力和流量，其原因是可靠性高，水流指示器可靠性稍差，误动作概率稍高，我国在工程实践中也经常采用高位消防水箱的水位信号，但因高位消防水箱的水位信号有滞后现象，目前在工程中已经很少采用，但该信号可以作为报警信号。为此本次规范制订时规定采用压力开关和流量开关作为水泵启泵的信号。压力开关一般可采用电接点压力表、压力传感器等。

压力开关通常设置在消防水泵房的主干管道上或报警阀上，流量开关通常设置在高位消防水箱出水管上。

第二题

1.【参考答案】BCD

【解析】单位可以根据需要确定本单位的消防安全管理人。消防安全管理人对单位的消防安全责任人负责，实施和组织落实下列消防安全管理工作：①拟订年度消防工作计划，组织实施日常消防安全管理工作；②组织制定消防安全制度和保障消防安全的操作规程并检查督促其落实；③拟订消防安全工作的资金投入和组织保障方案；④组织实施防火检查和火灾隐患整改工作；⑤组织实施对本单位消防设施、灭火器材和消防安全标志的维护保养，确保其完好有效，确保疏散通道和安全出口畅通；⑥组织管理专职消防队和志愿消防队；⑦在员工中组织开展消防知识、技能的宣传教育和培训，组织灭火和应急疏散预案的实施和演练；⑧单位消防安全责任人委托的其他消防安全管理工作。

2.【参考答案】BCE

【解析】单位应当按照国家有关规定，结合本单位的特点，建立健全各项消防安全制度和保障消防安全的操作规程，并公布执行。单位消防安全制度主要包括以下内容：消防安全教育、培训；防火巡查、检查；安全疏散设施管理；消防（控制室）值班；消防设施、器材维护管理；火灾隐患整改；用火、用电安全管理；易燃易爆危险物品和场所防火防爆；专职和志愿消防队的组织管理；灭火和应急疏散预案演练；燃气和电气设备的检查和管理（包括防雷、防静电）；消防安全工作考评和奖惩；其他必要的消防安全内容。

3.【参考答案】BDE

【解析】

（1）容易发生火灾的部位，如化工生产车间、油漆、烘烤、熬炼、木工、电焊气割操作间；化验室、汽车库、化学危险品仓库；易燃、可燃液体储罐，可燃、助燃气体钢瓶仓库和储罐，液化石油气瓶或者储罐；氧气站、乙炔站、氢气站；易燃的建筑群等。

（2）发生火灾后对消防安全有重大影响的部位，如与火灾扑救密切相关的变配电室、消防控 制室、消防水泵房等。

（3）性质重要、发生事故影响全局的部位，如发电站、变配电站（室），通信设备机房、生产总控制室，电子计算机房，锅炉房，档案室、资料、贵重物品和重要历史文献收藏室等。

（4）财产集中的部位，如储存大量原料、成品的仓库、货场，使用或者存放先进技术设备的实验室、车间、仓库等。

（5）人员集中的部位，如单位内部的礼堂（俱乐部）、托儿所、集体宿舍、医院病房等。

4.【参考答案】ABDE

【解析】建筑设施档案包括：①消防设施基本情况，主要包括消防设施的验收意见和产品、系统使用说明书、系统调试记录、消防设施平面布置图、系统图等原始技术资料。②消防设施动态管理情况，主要包括消防设施的值班记录、巡查记录、检测记录、故障维修记录以及维护保养计划表、维护保养记录、消防控制室值班人员基本情况档案及培训记录等。

5.【参考答案】CE

【解析】志愿消防队员来自单位员工，故选项 C、E 正确。

6.【参考答案】BCE

【解析】演练实施过程中，一般要安排专门人员，采用文字、照片和音像等方式记录演练过程。文字记录一般可由评估人员完成，主要包括演练实际开始与结束时间、演练过程控制情况、各项演练活动中参演人员的表现、意外情况及其处置等内容，尤其要详细记录可能出现的人员“伤亡”（如进入“危险”场所而无安全防护，在规定时间内不能完成疏散等）及财产“损失”等情况。

经费是在疏散演练之前已经做好预算，灭火器型号和数量属于设施维护管理内容。

7.【参考答案】CDE

【解析】单位应当通过多种形式开展经常性的消防安全宣传教育。消防安全重点单位对每名员工应当至少每年进行一次消防安全培训。宣传教育和培训内容应当包括：①有关消防法规、消防安全制度和保障消防安全的操作规程；②本单位、本岗位的火灾危险性和防火措施；③有关消防设施的性能、灭火器材的使用方法；④报火警、扑救初起火灾以及自救逃生的知识和技能。

公众聚集场所对员工的消防安全培训应当至少每半年进行一次，培训的内容还应当包括组织、引导在场群众疏散的知识和技能。

单位应当组织新上岗和进入新岗位的员工进行上岗前的消防安全培训。

8.【参考答案】BC

【解析】对下列违反消防安全规定的行为，单位应当责成有关人员当场改正并督促落实：

（1）违章进入生产、储存易燃易爆危险物品场所的。

（2）违章使用明火作业或者在具有火灾、爆炸危险的场所吸烟、使用明火等违反禁令的。

（3）将安全出口上锁、遮挡，或者占用、堆放物品影响疏散通道畅通的。

（4）消火栓、灭火器材被遮挡影响使用或者被挪作他用的。

（5）常闭式防火门处于开启状态，防火卷帘下堆放物品影响使用的。

（6）消防设施管理、值班人员和防火巡查人员脱岗的。

（7）违章关闭消防设施、切断消防电源的。

（8）其他可以当场改正的行为。

违反前款规定的情况以及改正情况应当有记录并存档备查。

9.【参考答案】CD

【解析】下列行为应责令停止施工、停止使用或者停产停业，并处三万元以上三十万元以下罚款：依法应当经消防机构进行消防设计审核的建设工程，未经依法审核或者审核不合格，擅自施工的。

10.【参考答案】CE

【解析】消防控制室的值班应急程序应符合下列要求：

（1）接到火灾警报后，值班人员应立即以最快方式确认。

（2）火灾确认后，值班人员应立即确认火灾报警联动控制开关处于自动状态，同时拨打“119”报警，报警时应说明着火单位地点、起火部位、着火物种类、火势大小、报警人姓名和联系电话。

（3）值班人员应立即启动单位内部应急疏散和灭火预案，并同时报告单位负责人。

第三题

1.【参考答案】

（1）该高层建筑耐火等级为二级，其楼板、梁和柱的耐火极限分别为 1.00 h、2.00 h 和 3.00 h，不符合规范要求。

（2）该建筑为一类高层建筑，耐火等级至少为一级，其楼板、梁和柱的耐火极限分别至少为 1.50 h、2.00 h 和 3.00 h。

2.【参考答案】

（1）高层建筑地下一层设置餐饮、超市，地下二层为燃油锅炉房，不合理。燃油锅炉房应设在首层或地下一层靠外墙，且其上下前后左右均不应为人员密集场所。

（2）地下二层人防工程区的设置了歌厅、洗浴桑拿房、健身用房，不合理。歌舞娱乐放映游艺场所不应设在地下二层及以下层，当设在地下一层时，室内地面与室外出入口地坪高差不应大于 10 m。

【解析】

（1）燃油或燃气锅炉、油浸变压器、充有可燃油的高压电容器和多油开关等，宜设置在建筑外的专用房间内；确需贴邻民用建筑布置时，应采用防火墙与所贴邻的建筑分隔，且不应贴邻人员密集场所，该专用房间的耐火等级不应低于二级；确需布置在民用建筑内时，不应布置在人员密集场所的上一层、下一层或贴邻。

（2）歌舞厅、录像厅、夜总会、卡拉 OK 厅（含具有卡拉 OK 功能的餐厅）、游艺厅（含电子游艺厅）、桑拿浴室（不包括洗浴部分）、网吧等歌舞娱乐、放映游艺场所（不含剧场、电影院）的布置应符合下列规定：

1）不应布置在地下二层及以下楼层。

2）宜布置在一、二级耐火等级建筑内的首层、二层或三层的靠外墙部位。

3）不宜布置在袋形走道的两侧或尽端。

4）确需布置在地下一层时，地下一层的地面与室外出入口地坪的高差不应大于 10 m。

5）确需布置在地下或四层及以上楼层时，一个厅、室的建筑面积不应大于 200 m^2。

6）厅、室之间及与建筑的其他部位之间，应采用耐火极限不低于 2.00 h 的防火隔墙和 1.00 h 的不燃性楼板分隔，设置在厅、室墙上的门和该场所与建筑内其他部位相通的门均应采用乙级防火门。

说明：歌舞娱乐放映游艺场所为歌厅、舞厅、录像厅、夜总会、卡拉 OK 厅和具有卡拉 OK 功能的餐厅或包房、各类游艺厅、桑拿浴室的休息室和具有桑拿服务功能的客房、网吧等场所，不包括电影院和剧场的观众厅。

“厅、室”是指歌舞娱乐放映游艺场所中相互分隔的独立房间，如卡拉 OK 的每间包房、桑拿浴的每间按摩房或休息室，这些房间是独立的防火分隔单元，即需采用耐火极限不低于 2.00 h 的墙体和 1.00 h 的楼板与其他单元或场所分隔，疏散门为耐火极限不低于乙级的防火门。单元之间或与其他场所之间的分隔构件上无任何门窗洞口，每个厅室的最大建筑面积限定在 200 m^2，即使设置自动喷水灭火系统，面积也不能增加，以便将火灾限制在该房间内。

当前，有些采用上述分隔方式将多个小面积房间组合在一起且建筑面积小于 200 m^2，并看作一个厅室的做法，不符合本条规定的要求。

3.【参考答案】

（1）消防电梯的前室在首层和三层采用防火卷帘和乙级防火门与其他区域分隔，不合理。前室不应设置卷帘进行分隔，应改用满足要求的防火隔墙。

（2）裙房的一至二层为商店，三层为展览厅，首层的建筑面积为 8100 m^2，划分为 1 个防火分区，不合理。按规范要求该裙房应设自动喷水灭火系统，且按题干裙房采用防火墙及甲级防火门与高层主体建筑进行分隔，故其防火分区最大允许建筑面积为 5 000 m^2，8 100 m^2 至少应划分为 2 个防火分区。

（3）二、三层的中庭与周围连通空间的防火分隔为耐火极限 1.5 h 的非隔热性防火玻璃墙，不合理。应采用耐火隔热性和耐火完整性不低于 1.00 h 的防火玻璃墙进行分隔，或者采用耐火完整性不低于 1.00 h 的非隔热性防火玻璃墙时，应设置自动喷水灭火系统进行保护。

（4）建筑楼板耐火极限为 1.00 h，地下二、三层为汽车库，不合理。汽车库与其他建筑合建时，设在建筑物内的汽车库与其他部位之间，应采用防火墙和耐火极限不低于 2.00 h 的不燃性楼板分隔。

（5）人防工程区中洗浴桑拿与健身防火分区建筑面积为 1 110 m^2，影院为 1 380 m^2，不合理。该人防应设自动喷水灭火系统，其防火分区最大建筑面积均为 1 000 m^2。

【解析】

（1）除设置在仓库连廊、冷库穿堂或谷物筒仓工作塔内的消防电梯外，消防电梯应设置前室，并应符合下列规定：

1）前室宜靠外墙设置，并应在首层直通室外或经过长度不大于 30 m 的通道通向室外。

2）前室的使用面积不应小于 6.0 m^2，前室的短边不应小于 2.4 m；与防烟楼梯间合用的前室，其使用面积尚应符合上述规范有关规定。

3）除前室的出入口、前室内设置的正压送风口和上述规范规定的户门外，前室内不应开设其他门、窗、洞口。

4）前室或合用前室的门应采用乙级防火门，不应设置卷帘。

（2）不同耐火等级建筑的允许建筑高度或层数、防火分区最大允许建筑面积见下表。

不同耐火等级建筑的允许建筑高度或层数、防火分区最大允许建筑面积

名称	耐火等级	允许建筑高度或层数	防火分区的最大允许建筑面积（m^2）	备注
高层民用建筑	一、二级	按《建筑设计防火规范》（GB 50016）第 5.1.1 条确定	1 500	对于体育馆、剧场的观众厅，防火分区的最大允许建筑面积可适当增加
单、多层民用建筑	一、二级	按《建筑设计防火规范》（GB 50016）第 5.1.1 条确定	2 500	
	三级	5 层	1 200	—
	四级	2 层	600	
地下或半地下建筑（室）	一级	—	500	设备用房的防火分区最大允许建筑面积不应大于 1 000 m^2

注：1. 表中规定的防火分区最大允许建筑面积，当建筑内设置自动灭火系统时，可按本表的规定增加 1.0 倍；局部设置时，防火分区的增加面积可按该局部面积的 1.0 倍计算。

2. 裙房与高层建筑主体之间设置防火墙时，裙房的防火分区可按单、多层建筑的要求确定。

一、二级耐火等级建筑内的商店营业厅、展览厅，当设置自动灭火系统和火灾自动报警系统并采用不燃或难燃装修材料时，其每个防火分区的最大允许建筑面积应符合下列规定：

1）设置在高层建筑内时，不应大于 4 000 m^2。

2）设置在单层建筑或仅设置在多层建筑的首层内时，不应大于 10 000 m^2。

3）设置在地下或半地下时，不应大于 2 000 m^2。

（3）建筑内设置自动扶梯、敞开楼梯等上、下层相连通的开口时，其防火分区的建筑面积应按上、下层相连通的建筑面积叠加计算；当叠加计算后的建筑面积大于《建筑设计防火规范》（GB 50016）第 5.3.1 条的规定时，应划分防火分区。

建筑内设置中庭时，其防火分区的建筑面积应按上、下层相连通的建筑面积叠加计算；当叠加计算后的建筑面积大于《建筑设计防火规范》（GB 50016）第 5.3.1 条的规定时，应符合下列规定：

1）与周围连通空间应进行防火分隔：采用防火隔墙时，其耐火极限不应低于 1.00 h；采用防火玻璃墙时，其耐火隔热性和耐火完整性不应低于 1.00 h。采用耐火完整性不低于 1.00 h 的非隔热性防火玻璃墙时，应设置自动喷水灭火系统进行保护；采用防火卷帘时，其耐火极限不应低于 3.00 h，并应符合《建筑设计防火规范》（GB 50016）第 6.5.3 条的规定；与中庭相连通的门、窗，应采用火灾时能自行关闭的甲级防火门、窗。

2）高层建筑内的中庭回廊应设置自动喷水灭火系统和火灾自动报警系统。

3）中庭应设置排烟设施。

4）中庭内不应布置可燃物。

说明：本条为强制性条文。建筑内连通上下楼层的开口破坏了防火分区的完整性，会导致火灾在多个区域和楼层蔓延发展。这样的开口主要有自动扶梯、中庭、敞开楼梯等。中庭等共享空间，贯通数个楼层，甚至从首层直通到顶层，四周与建筑物各楼层的廊道、营业厅、展览厅或窗口直接连通；自动扶梯、敞开楼梯也是连通上下两层或数个楼层。火灾时，这些开口是火势竖向蔓延的主要通道，火势和烟气会从开口部位侵入上下楼层，对人员疏散和火灾控制带来困难。因此，应对这些相连通的空间采取可靠的防火分隔措施，以防止火灾通过连通空间迅速向上蔓延。

对于中庭，考虑到建筑内部形态多样，结合建筑功能需求和防火安全要求，本条对几种不同的防火分隔物提出了一些具体要求。在采取了能防止火灾和烟气蔓延的措施后，一般将中庭单独作为一个独立的防火单元。对于中庭部分的防火分隔物，推荐采用实体墙，有困难时可采用防火玻璃墙，但防火玻璃墙的耐火完整性和耐火隔热性要达到 1.00 h。当仅采用耐火完整性达到要求的防火玻璃墙时，要设置自动喷水灭火系统对防火玻璃进行保护。自动喷水灭火系统可采用闭式系统，也可采用冷却水幕系统。尽管规范未排除采取防火卷帘的方式，但考虑到防火卷帘在实际应用中存在可靠性不够高等问题，故规范对其耐火极限提出了更高要求。

本条同时要求有耐火完整性和耐火隔热性的防火玻璃墙，其耐火性能采用国家标准《镶玻璃构件耐火试验方法》（GB/T 12513）中对隔热性镶玻璃构件的试验方法和判定标准进行测定。只有耐火完整性要求的防火玻璃墙，其耐火性能可采用国家标准《镶玻璃构件耐火试验方法》（GB/T 12513）中对非隔热性镶玻璃构件的试验方法和判定标准进行测定。

设计时应注意，与中庭相通的过厅、通道等处应设置防火门，对于平时需保持开启状态的防火门，应设置自动释放装置使门在火灾时可自行关闭。中庭与周围相连通空间的分隔方式可以多样，部位也可以根据实际情况确定，但要确保能防止中庭周围空间的火灾和烟气通过中庭迅速蔓延。

（4）汽车库、修车库与其他建筑合建时，应符合下列规定：

1）当贴邻建造时，应采用防火墙隔开。

2）设在建筑物内的汽车库（包括屋顶停车场）、修车库与其他部位之间，应采用防火墙和耐火极限不低于2.00 h的不燃性楼板分隔。

（5）每个防火分区的允许最大建筑面积，除《人民防空工程设计防火规范》（GB 50098）另有规定者外，不应大于500 m^2。当设置有自动灭火系统时，允许最大建筑面积可增加1倍；局部设置时，增加的面积可按该局部面积的1倍计算。

4.【参考答案】

（1）楼梯梯段以及从楼层进入疏散楼梯间前室和楼梯间的门的净宽度均为1.10 m，不合理；疏散楼梯梯段和楼梯间首层疏散门最小净宽度应为1.2 m。

（2）核心筒设置了1座防烟剪刀楼梯间用于高层主体建筑的人员疏散，不合理；直通疏散走道的房间门至最近疏散楼梯间前室入口的最大距离为18 m，而只有在满足“疏散楼梯分散设置确有困难且从任一疏散门至最近疏散楼梯间入口的距离不大于10 m时”才能设剪刀楼梯，故应改成设置至少2座防烟楼梯间。

【解析】高层公共建筑的疏散楼梯，当分散设置确有困难且从任一疏散门至最近疏散楼梯间入口的距离不大于10 m时，可采用剪刀楼梯间，但应符合下列规定：

（1）楼梯间应为防烟楼梯间。

（2）梯段之间应设置耐火极限不低于1.00 h的防火隔墙。

（3）楼梯间的前室应分别设置。

5.【参考答案】

（1）高层主体建筑设置了1部消防电梯，从首层大堂直通至顶层，不合理；设置消防电梯的建筑的地下室或半地下室，也应设置消防电梯，且应能每层停靠。

（2）消防电梯的前室在首层和三层采用防火卷帘和乙级防火门与其他区域分隔，不合理；前室不应设置卷帘进行分隔，应改用满足要求的防火隔墙。

【解析】下列建筑应设置消防电梯：

（1）建筑高度大于33 m的住宅建筑。

（2）一类高层公共建筑和建筑高度大于32 m的二类高层公共建筑。

（3）设置消防电梯的建筑的地下或半地下室，埋深大于10 m且总建筑面积大于3 000 m^2的其他地下或半地下建筑（室）。

说明：本条为强制性条文。本条确定了应设置消防电梯的建筑范围。

对于高层建筑，消防电梯能节省消防员的体力，使消防员能快速接近着火区域，提高战斗力和灭火效果。根据在正常情况下对消防员的测试结果，消防员从楼梯攀登的有利登高高度一般不大于23 m；否则，人体的体力消耗很大。对于地下建筑，由于排烟、通风条件很差，受当前装备的限制，消防员通过楼梯进入地下的困难较大，设置消防电梯，有利于满足灭火作战和火场救援的需要。

本条第 3 款中“设置消防电梯的建筑的地下或半地下室”应设置消防电梯，主要指当建筑的上部设置了消防电梯且建筑有地下室时，该消防电梯应延伸到地下部分；除此之外，地下部分是否设置消防电梯应根据其埋深和总建筑面积来确定。

消防电梯应分别设置在不同防火分区内，且每个防火分区不应少于 1 台。

说明：本条为强制性条文。建筑内的防火分区具有较高的防火性能。一般来说，在火灾初期，较易将火灾控制在着火的一个防火分区内，消防员利用着火区内的消防电梯就可以进入着火区直接接近火源，实施灭火和搜索等其他行动。对于有多个防火分区的楼层，即使一个防火分区的消防电梯受阻难以安全使用时，还可利用相邻防火分区的消防电梯。因此，每个防火分区应至少设置一部消防电梯。

6.【参考答案】该高层建筑在消防设置与消防电源方面存在以下问题：

（1）消防水泵、消防电梯等建筑内的全部消防用电设备的供电均能在这些设备所在防火分区的配电箱处自动切换，不符合规范要求。正确做法应为：消防控制室、消防水泵房、防烟和排烟风机房的消防用电设备及消防电梯等的供电，应在其配电线路的最末一级配电箱处设置自动切换装置。

（2）高层建筑的室内消火栓箱内按要求配置了水带、水枪，未设置消防软管卷盘或轻便消防水龙，不符合规范要求。正确做法应为：对于人员密集的公共建筑内，应设置消防软管卷盘或轻便消防水龙。

（3）室内消火栓箱内按要求配置了灭火器，不符合规范要求。该建筑是一类高层建筑，灭火器配置级别按严重危险场所，灭火器最大保护距离是 15m。因此，灭火器不能完全按室内消火栓箱位置布置，需在合适的地方增设灭火器。

【解析】

（1）消防控制室、消防水泵房、防烟和排烟风机房的消防用电设备及消防电梯等的供电，应在其配电线路的最末一级配电箱处设置自动切换装置。

说明：本条为强制性条文。本条要求也是保证消防用电供电可靠性的一项重要措施。本条规定的最末级配电箱是指：对于消防控制室、消防水泵房、防烟和排烟风机房的消防用电设备及消防电梯等，为上述消防设备或消防设备室处的最末级配电箱；对于其他消防设备用电，如消防应急照明和疏散指示标志等，为这些用电设备所在防火分区的配电箱。

（2）人员密集的公共建筑、建筑高度大于 100 m 的建筑和建筑面积大于 200 m² 的商业服务网点内应设置消防软管卷盘或轻便消防水龙。高层住宅建筑的户内宜配置轻便消防水龙。

说明：消防软管卷盘和轻便消防水龙是控制建筑物内固体可燃物初起火的有效器材，用水量小、配备和使用方便，适用于非专业人员使用。本条结合建筑的规模和使用功能，确定了设置消防软管卷盘和轻便消防水龙的范围，以方便建筑内的人员扑灭初起火时使用。

轻便消防水龙为在自来水供水管路上使用的由专用消防接口、水带及水枪组成的一种小型简便的喷水灭火设备，有关要求见公共安全标准《轻便消防水龙》。

（3）室内消火栓宜按直线距离计算其布置间距，并应符合下列规定：

1）消火栓按 2 支消防水枪的 2 股充实水柱布置的建筑物，消火栓的布置间距不应大于 30.0 m。

2）消火栓按 1 支消防水枪的 1 股充实水柱布置的建筑物，消火栓的布置间距不应大于 50.0 m。

第四题

1.【参考答案】湿式报警阀调试时，在末端装置处放水，当湿式报警阀进口水压大于 0.14 MPa、放水流量大于 1 L/s 时，报警阀应及时启动；带延迟器的水力警铃应在 5 ~ 90 s 发出报警铃声，不带延迟器的水力警铃应在 15 s 内发出报警铃声；压力开关应及时动作，启动消防泵并反馈信号。

检查数量：全数检查。

检查方法：使用压力表、流量计、秒表和观察检查。

2.【参考答案】系统工程质量缺陷划分为严重缺陷项（A）、重缺陷项（B）和轻缺陷项（C）。

系统验收合格判定的条件为：A=0，且 B≤2，且 B+C≤6 为合格，否则为不合格。

3.【参考答案】

（1）地下二层设有一座 1 200 m^3 的消防水池，不符合规范要求。消防水池的总蓄水有效容积大于 1 000 m^3 时，应设置能独立使用的两座消防水池。

（2）消防水池进水管直径 *DN*75 mm 不符合规范要求，最小应为 *DN*100 mm。

（3）高位消防水箱的有效容积不够，应至少为 50 m^3。

（4）采用下垂型喷头，位于吊顶下方不符合规范要求。装设网格、栅板类通透性吊顶的场所，当通透面积占吊顶总面积的比例大于 70% 时，喷头应设置在吊顶上方。

（5）消防水泵出水管上还应增设止回阀、流量和压力检测装置或预留可供连接流量和压力检测装置的接口。

（6）末端试水装置设置在吊顶内，不合理，不便操作。末端试水装置和试水阀应有标识，距地面高度宜为 1.5 m，并应采取不被他用的措施。

【解析】

（1）消防水池的总蓄水有效容积大于 500 m^3 时，宜设两格能独立使用的消防水池；当大于 1000 m^3 时，应设置能独立使用的两座消防水池。每格（或座）消防水池应设置独立的出水管，并应设置满足最低有效水位的连通管，且其管径应能满足消防给水设计流量的要求。

说明：消防水池容量过大时应分成 2 个，以便水池检修、清洗时仍能保证消防用水的供给。

（2）消防水池进水管应根据其有效容积和补水时间确定，补水时间不宜大于 48 h，但当消防水池有效总容积大于 2 000 m^3 时，补水时间不应大于 96 h。消防水池进水管管径应经计算确定，且不应小于 *DN*100 mm。

说明：消防水池的补水时间主要考虑第二次火灾扑救需要，以及火灾时潜在的补水能力。

（3）临时高压消防给水系统的高位消防水箱的有效容积应满足初期火灾消防用水量的

要求，并应符合下列规定：一类高层公共建筑，不应小于 36 m^3，但当建筑高度大于 100 m 时，不应小于 50 m^3；当建筑高度大于 150 m 时，不应小于 100 m^3。

（4）装设网格、栅板类通透性吊顶的场所，当通透面积占吊顶总面积的比例大于 70% 时，喷头应设置在吊顶上方，并应符合下列规定：①通透性吊顶开口部位的净宽度不应小于 10 mm，且开口部位的厚度不应大于开口的最小宽度；②喷头间距及溅水盘与吊顶上表面的距离应符合有关规定。

（5）离心式消防水泵吸水管、出水管和阀门等，应符合下列规定：①一组消防水泵，吸水管不应少于两条，当其中一条损坏或检修时，其余吸水管应仍能通过全部消防给水设计流量；②消防水泵吸水管布置应避免形成气囊；③一组消防水泵应设不少于两条的输水干管与消防给水环状管网连接，当其中一条输水管检修时，其余输水管应仍能供应全部消防给水设计流量；④消防水泵吸水口的淹没深度应满足消防水泵在最低水位运行安全的要求，吸水管喇叭口在消防水池最低有效水位下的淹没深度应根据吸水管喇叭口的水流速度和水力条件确定，但不应小于 600 mm。当采用旋流防止器时，淹没深度不应小于 200 mm；⑤消防水泵的吸水管上应设置明杆闸阀或带自锁装置的蝶阀，但当设置暗杆阀门时应设有开启刻度和标志；当管径超过 *DN*300 mm 时，宜设置电动阀门；⑥消防水泵的出水管上应设止回阀、明杆闸阀；当采用蝶阀时，应带有自锁装置；当管径大于 *DN*300 mm 时，宜设置电动阀门；⑦消防水泵吸水管的直径小于 *DN*250 mm 时，其流速宜为 1.0 ~ 1.2 m/s；直径大于 *DN*250 mm 时，宜为 1.2 ~ 1.6 m/s；⑧消防水泵出水管的直径小于 *DN*250 mm 时，其流速宜为 1.5 ~ 2.0 m/s；直径大于 *DN*250 mm 时，宜为 2.0 ~ 2.5 m/s；⑨吸水井的布置应满足井内水流顺畅、流速均匀、不产生涡漩的要求，并应便于安装施工；⑩消防水泵的吸水管、出水管道穿越外墙时，应采用防水套管；当穿越墙体和楼板时，应符合《消防给水及消火栓系统技术规范》（GB 50974）的相关要求；⑪消防水泵的吸水管穿越消防水池时，应采用柔性套管；采用刚性防水套管时应在水泵吸水管上设置柔性接头，且管径不应大于 *DN*150 mm。

（6）末端试水装置和试水阀应有标识，距地面的高度宜为 1.5 m，并应采取不被他用的措施。

说明：本条为新增条文。本条规定了末端试水装置的设置位置，是为了保证末端试水装置的可操作性和可维护性。调研中发现，有些工程的末端试水装置安装在吊顶内部，不便于操作；还发现有的把末端试水装置的试水接口误作为生活用水接口使用，造成系统频繁动作等，这些都是不合理的现象。

4.【参考答案】

（1）工作泵、备用泵、吸水管、出水管及出水管上的阀门、仪表的规格、型号、数量，应符合设计要求；吸水管、出水管上的控制阀应锁定在常开位置，并有明显标记。

（2）消防水泵应采用自灌式引水或其他可靠的引水措施。

（3）分别开启系统中的每一个末端试水装置和试水阀，水流指示器、压力开关等信号装置的功能均应符合设计要求。湿式自动喷水灭火系统的最不利点做末端放水试验时，自放水开始至水泵启动时间不应超过 5 min。

（4）打开消防水泵出水管上试水阀，当采用主电源启动消防水泵时，消防水泵应启动正常；关掉主电源，主、备电源应能正常切换。备用电源切换时，消防水泵应在 1 min 或 2 min 内投入正常运行。自动或手动启动消防泵时应在 55 s 内投入正常运行。

（5）消防水泵停泵时，水锤消除设施后的压力不应超过水泵出口额定压力的 1.3 ~ 1.5 倍。

（6）对消防气压给水设备，当系统气压下降到设计最低压力时，通过压力变化信号应能启动稳压泵。

（7）消防水泵启动控制应置于自动启动挡，消防水泵应互为备用。

第五题

1.【参考答案】

（1）柴油发电机房布置在地下三层，不合理，不应布置在人员密集场所的上一层、下一层或贴邻，应独立设置。

（2）地下歌舞厅包房的面积为 240 m^2 和 400 m^2，不合理，布置在地下时，一个厅、室的建筑面积不应大于 200 m^2。

（3）6 层的电影院厅室建筑面积为 480 m^2，不合理。每个观众厅的建筑面积不宜大于 400 m^2。

【解析】布置在民用建筑内的柴油发电机房应符合下列规定：①宜布置在首层或地下一、二层。②不应布置在人员密集场所的上一层、下一层或贴邻。

歌舞厅、录像厅、夜总会、卡拉 OK 厅（含具有卡拉 OK 功能的餐厅）、游艺厅（含电子游艺厅）、桑拿浴室（不包括洗浴部分）、网吧等歌舞娱乐放映游艺场所（不含剧场、电影院）的布置应符合下列规定：①不应布置在地下二层及以下楼层；②宜布置在一、二级耐火等级建筑内的首层、二层或三层的靠外墙部位；③不宜布置在袋形走道的两侧或尽端；④确需布置在地下一层时，地下一层的地面与室外出入口地坪的高差不应大于 10 m；⑤确需布置在地下或四层及以上楼层时，一个厅、室的建筑面积不应大于 200 m^2。

剧场、电影院、礼堂宜设置在独立的建筑内；采用三级耐火等级建筑时，不应超过 2 层；确需设置在其他民用建筑内时，至少应设置 1 个独立的安全出口和疏散楼梯，并应符合下列规定：①应采用耐火极限不低于 2.00 h 的防火隔墙和甲级防火门与其他区域分隔。②设置在一、二级耐火等级的建筑内时，观众厅宜布置在首层、二层或三层；确需布置在四层及以上楼层时，一个厅、室的疏散门不应少于 2 个，且每个观众厅的建筑面积不宜大于 400 m^2。

2.【参考答案】电影院采用乙级防火门，不合理，应采用甲级防火门。

3.【参考答案】

（1）中庭定期举办服装皮具促销活动，不合理，中庭内不应布置可燃物。

（2）采用耐火完整性 1.00 h 的防火玻璃墙进行分隔，不合理；采用防火玻璃墙时，其耐火隔热性和耐火完整性不应低于 1.00 h。采用耐火完整性不低于 1.00 h 的非隔热性防火玻璃墙时，应设置自动喷水灭火系统进行保护。

【解析】建筑内设置自动扶梯、敞开楼梯等上、下层相连通的开口时，其防火分区的建筑面积应按上、下层相连通的建筑面积叠加计算；当叠加计算后的建筑面积大于《建筑设计防火规范》第 5.3.1 条的规定时，应划分防火分区。

建筑内设置中庭时，其防火分区的建筑面积应按上、下层相连通的建筑面积叠加计算；当叠加计算后的建筑面积大于《建筑设计防火规范》第 5.3.1 条的规定时，应符合下列规定：

（1）与周围连通空间应进行防火分隔：采用防火隔墙时，其耐火极限不应低于 1.00 h；采用防火玻璃墙时，其耐火隔热性和耐火完整性不应低于 1.00 h。采用耐火完整性不低于 1.00 h 的非隔热性防火玻璃墙时，应设置自动喷水灭火系统进行保护；采用防火卷帘时，其耐火极限不应低于 3.00 h，并应符合《建筑设计防火规范》第 6.5.3 条的规定；与中庭相连通的门、窗，应采用火灾时能自行关闭的甲级防火门、窗。

（2）高层建筑内的中庭回廊应设置自动喷水灭火系统和火灾自动报警系统。

（3）中庭应设置排烟设施。

（4）中庭内不应布置可燃物。

4.【参考答案】最大包间的房间内到疏散门的距离为 12 m，不符合规范要求。该建筑设置了自动喷水灭火系统，最大疏散距离应为 9 × 1.25=11.25 m。

第六题

1.【参考答案】

（1）火灾报警控制器的数量：（2 400+1 200+800）÷（3 200 × 0.9）=1.53，故取 2 只。

（2）联动控制器的数量：600 ÷（1 600 × 0.9）=0.42，故取 1。

【解析】任一台火灾报警控制器所连接的火灾探测器、手动火灾报警按钮和模块等设备总数和地址总数，均不应超过 3 200 点，其中每一总线回路连接设备的总数不宜超过 200 点，且应留有不少于额定容量 10% 的余量；任一台消防联动控制器地址总数或火灾报警控制器（联动型）所控制的各类模块总数不应超过 1600 点，每一联动总线回路连接设备的总数不宜超过 100 点，且应留有不少于额定容量 10% 的余量。

2.【参考答案】

（1）火灾自动报警系统主电源不应设置剩余电流动作保护装置。

（2）双电源切换时间控制在 10 s 以内，不合理，蓄电池切换应在毫秒级。

（3）切断控制器与备用电源之间的连接，控制器无异常显示，不合理；应显示备用电源故障。

（4）探测器底座上的总线接线端子短路，控制器在 120 s 显示该探测器所在回路总线故障，不合理，应在 100 s 内显示故障。

（5）部分探测器被屏蔽，不合理。

（6）部分防火门和挡烟垂壁未反馈信号，不合理，可能是输入输出模块或设备故障。

（7）部分感温探测器无反馈信号，可能是输入输出模块或设备故障。

（8）消防用电设备与照明设备共用供电回路，不合理，应单独设置。

（9）该蓄电池的输出功率为火灾自动报警及联动控制系统全负荷功率的 1.1 倍，可保证火灾自动报警及联动控制系统在火灾状态同时工作负荷条件下连续工作 2 h，不符合规范要求，应为 3 h 以上。

【解析】

（1）火灾自动报警系统主电源不应设置剩余电流动作保护和过负荷保护装置。

说明：剩余电流动作保护和过负荷保护装置一旦报警会自动切断电源，因此火灾自动报警系统主电源不应采用剩余电流动作保护和过负荷保护装置保护。

（2）消防设备应急电源输出功率应大于火灾自动报警及联动控制系统全负荷功率的 120%，蓄电池组的容量应保证火灾自动报警及联动控制系统在火灾状态同时工作负荷条件下连续工作 3 h 以上。

（3）消防用电设备应采用专用的供电回路，其配电设备应设有明显标志。其配电线路和控制回路宜按防火分区划分。

说明：本条规定了消防用电设备的供电要求。由于消防用电及配线的重要性，故强调消防用电回路及配线应为专用，不应与其他用电设备合用。另外，消防配电及控制线路要求尽可能按防火分区的范围来配置，可提高消防线路的可靠性。

（4）按现行国家标准《火灾报警控制器》（GB 4717）的有关要求对控制器进行下列功能检查并记录：①检查自检功能和操作级别。②使控制器与探测器之间的连线断路和短路，控制器应在 100 s 内发出故障信号（短路时发出火灾报警信号除外）；在故障状态下，使任一非故障部位的探测器发出火灾报警信号，控制器应在 1 min 内发出火灾报警信号，并应记录火灾报警时间；再使其他探测器发出火灾报警信号，检查控制器的再次报警功能。③检查消音和复位功能。④使控制器与备用电源之间的连线断路和短路，控制器应在 100 s 内发出故障信号。⑤检查屏蔽功能。⑥使总线隔离器保护范围内的任一点短路，检查总线隔离器的隔离保护功能。⑦使任一总线回路上不少于 10 只的火灾探测器同时处于火灾报警状态，检查控制器的负载功能。⑧检查主、备电源的自动转换功能，并在备电工作状态下重复第 7 款检查。⑨检查控制器特有的其他功能。检查数量：全数检查。检验方法：观察检查、仪表测量。

3.【参考答案】线型红外光束感烟火灾探测器的安装，应符合下列要求：

（1）当探测区域的高度不大于 20 m 时，光束轴线至顶棚的垂直距离宜为 0.3 ～ 1.0 m；当探测区域的高度大于 20 m 时，光束轴线距探测区域的地（楼）面高度不宜超过 20 m。

（2）发射器和接收器之间的探测区域长度不宜超过 100 m。

（3）相邻两组探测器光束轴线的水平距离不应大于 14 m。探测器光束轴线至侧墙水平距离不应大于 7 m，且不应小于 0.5 m。

（4）发射器和接收器之间的光路上应无遮挡物或干扰源。

（5）发射器和接收器应安装牢固，并不应产生位移。

消防安全案例分析
模拟测试（三）参考答案及解析

第一题

1.【参考答案】ABCD

【解析】灭火浸渍时间应符合下列规定：

（1）木材、纸张、织物等固体表面火灾，宜采用 20 min。

（2）通信机房、电子计算机房内的电气设备火灾，应采用 5 min。

（3）其他固体表面火灾，宜采用 10 min。

（4）气体和液体火灾，不应小于 1 min。

在《气体灭火系统设计规范》（GB 50370）中，通信机房、电子计算机房的灭火浸渍时间不像其他类固体火灾规定的那么长，是出于以下两方面的考虑：

第一，尽管它们同属固体表面火灾保护，但电子、电器类不像木材、纸张那样容易趋近构成深位火灾，扑救起来要容易得多；同时，国内外对电子计算机房这样的典型应用场所，专门做过一些试验，试验表明，卤代烷灭火时间都是在 1 min 内完成的，完成后无复燃现象。

第二，通信机房、电子计算机房所采用的是精密设备，通导性和清洁性都要求非常高，应考虑到七氟丙烷在火场所产生的分解物可能会对它们造成危害。所以，在保证灭火安全的前提下，尽量缩短浸渍时间是必要的。这有利于灭火之后尽快将七氟丙烷及其分解产物从防护区中清除出去。

但从灭火安全考虑，也不宜将灭火浸渍时间取得过短，故规定，通信机房、电子计算机房等防护区的灭火浸渍时间为 5 min。

气体、液体火灾都是单纯的表面火灾。所有气体、液体灭火试验表明，当气体灭火剂达到灭火浓度后都能立即灭火。考虑到一般的冷却要求，规范规定它们的灭火浸渍时间不应小于 1 min。如果灭火前的燃烧时间较长，冷却不容易，浸渍时间应适当加长。

2.【参考答案】ACDE

【解析】两个或两个以上的防护区采用组合分配系统时，一个组合分配系统所保护的防护区不应超过 8 个。

3.【参考答案】ABE

【解析】灭火系统的灭火剂储存量，应为防护区的灭火设计用量、储存容器内的灭火剂剩余量和管网内的灭火剂剩余量之和。

4.【参考答案】CE

【解析】

（1）喷头的保护高度和保护半径，应符合下列规定：

1）最大保护高度不宜大于 6.5 m。

2）最小保护高度不应小于 0.3 m。

3）喷头安装高度小于 1.5 m 时，保护半径不宜大于 4.5 m。

4）喷头安装高度不小于 1.5 m 时，保护半径不应大于 7.5 m。

故选项 C 说法错误。

（2）在通信机房和电子计算机房等防护区，设计喷放时间不应大于 8 s；在其他防护区，设计喷放时间不应大于 10 s。故选项 E 说法错误。

5.【参考答案】ABDE

【解析】

（1）灭火剂储存容器及容器阀、单向阀、连接管、集流管、选择阀、安全泄放装置、阀驱动装置、喷嘴、信号反馈装置、检漏装置、减压装置等系统组件的外观质量应符合下列规定：①同一规格的灭火剂储存容器，其高度差不宜超过 20 mm。②同一规格的驱动气体储存容器，其高度差不宜超过 10 mm。以检查情况看，同一规格的驱动气体储存容器高度差为 15 mm，不符合规定，故选项 E 符合题意。

（2）气动驱动装置储存容器内气体压力不应低于设计压力，且不得超过设计压力的 5%，气体驱动管道上的单向阀应启闭灵活，无卡阻现象。从检查情况看，气体驱动装置储存容器内气体压力为设计压力的 110%，不符合规定，故选项 B 符合题意。

（3）管道穿过墙壁、楼板处应安装套管。套管公称直径比管道公称直径至少应大 2 级，穿墙套管长度应与墙厚相等，穿楼板套管长度应高出地板 50 mm。管道与套管间的空隙应采用防火封堵材料填塞密实。当管道穿越建筑物的变形缝时，应设置柔性管段。从检查情况看，选项 C 没有问题，选项 D 存在问题。

（4）管道末端应采用防晃支架固定，支架与末端喷嘴间的距离不应大于 500 mm。从检查情况看，支架与末端喷嘴间的距离为 600 mm，不符合规定，故选项 A 符合题意。

6.【参考答案】ABCE

【解析】气体灭火系统适用于扑救下列火灾：

（1）电气火灾。

（2）固体表面火灾。

（3）液体火灾。

（4）灭火前能切断气源的气体火灾。

注：除电缆隧道（夹层、井）及自备发电机房外，K 型和其他型热气溶胶预制灭火系统不得用于其他电气火灾。

7.【参考答案】ABC

【解析】防护区的门应向疏散方向开启，并能自行关闭；用于疏散的门必须能从防护区内打开。故选项 D 说法错误。

灭火后的防护区应通风换气，地下防护区和无窗或设固定窗扇的地上防护区，应设置机械排风装置，排风口宜设在防护区的下部并应直通室外。通信机房、电子计算机房等场所的通风换气次数应不少于每小时 5 次。故选项 E 说法错误。

8.【参考答案】CE

【解析】管网灭火系统应设自动控制、手动控制和机械应急操作三种启动方式。预制灭火系统应设自动控制和手动控制两种启动方式。故选项 A、B 说法错误。

采用自动控制启动方式时，根据人员安全撤离防护区的需要，应有不大于 30 s 的可控延迟喷射；对于平时无人工作的防护区，可设置为无延迟的喷射。故选项 C 说法正确。

组合分配系统启动时，选择阀应在容器阀开启前或同时打开。故选项 D 说法错误。

气体灭火系统的操作与控制，应包括对开口封闭装置、通风机械和防火阀等设备的联动操作与控制。故选项 E 说法正确。

9.【参考答案】ABCE

【解析】低压二氧化碳灭火系统储存装置的液位计检查属于气体灭火系统每月检查项目，灭火剂损失 10% 时应及时补充。故选项 D 不符合题意。

每季度应对气体灭火系统进行 1 次全面检查，并应符合下列规定：

（1）可燃物的种类、分布情况，防护区的开口情况，应符合设计规定。

（2）储存装置间的设备、灭火剂输送管道和支、吊架的固定，应无松动。

（3）连接管应无变形、裂纹及老化。必要时，送法定质量检验机构进行检测或更换。

（4）各喷嘴孔口应无堵塞。

（5）对高压二氧化碳储存容器逐个进行称重检查，灭火剂净重不得小于设计储存量的 90%。

（6）灭火剂输送管道有损伤与堵塞现象时，应按规范规定进行严密性试验和吹扫。

故选项 A、B、C、E 符合题意。

第二题

1.【参考答案】BC

【解析】依据国务院 2007 年 4 月 9 日颁布的《生产安全事故报告和调查处理条例》（国务院令 493 号）规定的生产安全事故等级标准，消防机构将火灾相应地分为特别重大火灾、重大火灾、较大火灾和一般火灾四个等级。

（1）特别重大火灾是指造成 30 人以上死亡，或者 100 人以上重伤，或者 1 亿元以上直接经济损失的火灾。

（2）重大火灾是指造成 10 人以上 30 人以下死亡，或者 50 人以上 100 人以下重伤，或者 5 000 万元以上 1 亿元以下直接经济损失的火灾。

（3）较大火灾是指造成3人以上10人以下死亡，或者10人以上50人以下重伤，或者1 000万元以上5 000万元以下直接经济损失的火灾。

（4）一般火灾是指造成3人以下死亡，或者10人以下重伤，或者1 000万元以下直接经济损失的火灾。

注："以上"包括本数，"以下"不包括本数。

2.【参考答案】ABDE

【解析】有下列行为之一的，责令停止施工、停止使用或者停产停业，并处3万元以上30万元以下罚款：

（1）依法应当经消防机构进行消防设计审核的建设工程，未经依法审核或者审核不合格，擅自施工的。

（2）消防设计经消防机构依法抽查不合格，不停止施工的。

（3）依法应当进行消防验收的建设工程，未经消防验收或者消防验收不合格，擅自投入使用的。

（4）建设工程投入使用后经消防机构依法抽查不合格，不停止使用的。

（5）公众聚集场所未经消防安全检查或者经检查不符合消防安全要求，擅自投入使用、营业的。

3.【参考答案】ABCE

【解析】按照国家工程建设消防技术标准需要进行消防设计的建设工程，除另有规定的外，建设单位应当自依法取得施工许可之日起7个工作日内，将消防设计文件报消防机构备案，消防机构应当进行抽查。

4.【参考答案】ABCE

【解析】对于符合下列判定要素之一的，直接判定为重大火灾隐患：

（1）生产、储存和装卸易燃易爆危险品的工厂、仓库和专用车站、码头、储罐区，未设置在城市的边缘或者相对独立的安全地带。

（2）生产、储存、经营易燃易爆危险品的场所与人员密集场所、居住场所设置在同一建筑物内，或者与人员密集场所、居住场所的防火间距小于国家工程建设消防技术标准规定值的75%。

（3）城市建成区内的加油站、天然气或者液化石油气加气站、加油加气合建站的储量达到或者超过《汽车加油加气站设计与施工规范》（GB 50156）对一级站的规定。

（4）甲、乙类生产场所和仓库设置在建筑的地下室或者半地下室。

（5）公共娱乐场所、商店、地下人员密集场所的安全出口数量不足或者其总净宽度小于国家工程建设消防技术标准规定值的80%。

（6）旅馆、公共娱乐场所、商店、地下人员密集场所未按国家工程建设消防技术标准的规定设置自动喷水灭火系统或者火灾自动报警系统。

（7）易燃可燃液体、可燃气体储罐（区）未按国家工程建设消防技术标准的规定设置固定灭火、冷却、可燃气体浓度报警、火灾报警设施。

（8）在人员密集场所违反消防安全规定使用、储存或者销售易燃易爆危险品。

（9）托儿所、幼儿园的儿童用房以及老年人活动场所，所在楼层位置不符合国家工程建设消防技术标准的规定。

（10）人员密集场所的居住场所采用彩钢夹芯板搭建，且彩钢夹芯板芯材的燃烧性能等级低于《建筑材料及制品燃烧性能分级》（GB 8624）规定的 A 级。

选项 D 中，公共娱乐场所、商店、地下人员密集场所的安全出口数量不足或者其总净宽度小于国家工程建设消防技术标准规定值的 90%，与上述规定不符。

5.【参考答案】ABC

【解析】单位的消防安全责任人应当履行下列消防安全职责：

（1）贯彻执行消防法规，保证单位消防安全符合规定，掌握本单位的消防安全情况。

（2）将消防工作与本单位的生产、科研、经营、管理等活动统筹安排，批准实施年度消防工作计划。

（3）为本单位的消防安全提供必要的经费和组织保障。

（4）确定逐级消防安全责任，批准实施消防安全制度和保障消防安全的操作规程。

（5）组织防火检查，督促落实火灾隐患整改，及时处理涉及消防安全的重大问题。

（6）根据消防法规的规定建立专职消防队、志愿消防队。

（7）组织制定符合本单位实际的灭火和应急疏散预案，并实施演练。

选项 D、E 是消防安全管理人应当履行的消防安全职责。

6.【参考答案】ABCE

【解析】

（1）消防安全重点单位应当进行每日防火巡查（故选项 B 说法正确），并确定巡查的人员、内容、部位和频次。其他单位可以根据需要组织防火巡查。巡查的内容应当包括：

1）用火、用电有无违章情况。

2）安全出口、疏散通道是否畅通，安全疏散指示标志、应急照明是否完好。

3）消防设施、器材和消防安全标志是否在位、完整。

4）常闭式防火门是否处于关闭状态，防火卷帘下是否堆放物品影响使用。

5）消防安全重点部位的人员在岗情况。

6）其他消防安全情况。

公众聚集场所在营业期间的防火巡查应当至少每 2 h 一次（故选项 A 说法正确）；营业结束时应当对营业现场进行检查，消除遗留火种。医院、养老院、寄宿制的学校、托儿所、幼儿园应当加强夜间防火巡查（故选项 C 说法正确），其他消防安全重点单位可以结合实际组织夜间防火巡查。

防火巡查人员应当及时纠正违章行为，妥善处置火灾危险，无法当场处置的，应当立即报告。发现初起火灾应当立即报警并及时扑救（故选项 E 说法正确）。

防火巡查应当填写巡查记录，巡查人员及其主管人员应当在巡查记录上签名。

（2）机关、团体、事业单位应当至少每季度进行一次防火检查（故选项D说法错误），其他单位应当至少每月进行一次防火检查。检查的内容应当包括：

1）火灾隐患的整改情况以及防范措施的落实情况。

2）安全疏散通道、疏散指示标志、应急照明和安全出口情况。

3）消防车通道、消防水源情况。

4）灭火器材配置及有效情况。

5）用火、用电有无违章情况。

6）重点工种人员以及其他员工消防知识的掌握情况。

7）消防安全重点部位的管理情况。

8）易燃易爆危险品和场所防火防爆措施的落实情况以及其他重要物资的防火安全情况。

9）消防（控制室）值班情况和设施运行、记录情况。

10）防火巡查情况。

11）消防安全标志的设置情况和完好、有效情况。

12）其他需要检查的内容。

防火检查应当填写检查记录。检查人员和被检查部门负责人应当在检查记录上签名。

7.【参考答案】ABCD

【解析】单位应当通过多种形式开展经常性的消防安全宣传教育。消防安全重点单位对每名员工应当至少每年进行一次消防安全培训。宣传教育和培训内容应当包括：

（1）有关消防法规、消防安全制度和保障消防安全的操作规程。

（2）本单位、本岗位的火灾危险性和防火措施。

（3）有关消防设施的性能、灭火器材的使用方法。

（4）报火警、扑救初起火灾以及自救逃生的知识和技能。

故选项A、B、C、D符合题意。

公众聚集场所对员工的消防安全培训应当至少每半年进行一次，培训的内容还应当包括组织、引导在场群众疏散的知识和技能。故选项E不符合题意。

8.【参考答案】ABCD

【解析】下列人员应当接受消防安全专门培训：

（1）单位的消防安全责任人、消防安全管理人。

（2）专、兼职消防管理人员。

（3）消防控制室的值班、操作人员。

（4）其他依照规定应当接受消防安全专门培训的人员。

上述规定中的第（3）项人员应当持证上岗。

故选项A、B、C、D符合题意。

9.【参考答案】ABCD

【解析】消防安全重点单位制定的灭火和应急疏散预案应当包括下列内容：

（1）组织机构，包括灭火行动组、通信联络组、疏散引导组、安全防护救护组。

（2）报警和接警处置程序。

（3）应急疏散的组织程序和措施。

（4）扑救初起火灾的程序和措施。

（5）通信联络、安全防护救护的程序和措施。

第三题

1.【参考答案】

（1）干式报警阀组的数量不足。

改正措施：应增加一个干式报警阀组。

（2）喷头型号为 ZSTX 15–68（℃），表示普通下垂型喷头，动作温度 68℃，不符合要求。

改正措施：应采用直立型或干式下垂型喷头，动作温度选用 57℃。

（3）干式报警阀组离仓库太远，无法满足充水时间要求。

改正措施：干式报警阀组应就近安装在仓库附近安全且易于操作的地方。

【解析】

（1）参见《自动喷水灭火系统设计规范》（GB 50084）的附录 A《设置场所火灾危险等级分类》，判断该造纸企业仓库属于仓库危险级Ⅱ级。根据第 5.0.4 条，仓库危险级Ⅱ级的堆垛储物仓库当最大储物高度为 6.0~7.5 m 时，其喷水强度为 22 L/（min · m^2）。根据第 7.1.2 条，当喷水强度≥12 L/（min · m^2）时，一个喷头的最大保护面积为 9 m^2，故该仓库至少需要 7 800 ÷ 9 ≈ 867（只）。根据第 6.2.3 条，一个报警阀组控制的洒水喷头数，湿式系统、预作用系统不宜超过 800 只；干式系统不宜超过 500 只。故该仓库至少需要 2 个干式报警阀组。

（2）参见《自动喷水灭火系统设计规范》（GB 50084）第 6.1.2 条规定，闭式系统的洒水喷头，其公称动作温度宜高于环境最高温度 30℃。根据第 6.1.4 条规定，干式系统、预作用系统应采用直立型洒水喷头或干式下垂型洒水喷头。

该造纸企业位于东北地区，环境温度一般较低，故应采用直立型或干式下垂型喷头，选用动作温度 57℃的喷头（橙色）较为适宜。

（3）参见《自动喷水灭火系统设计规范》（GB 50084）第 8.0.11 条规定，干式系统的配水管道充水时间，不宜大于 1 min；预作用系统和雨淋系统的配水管道充水时间，不宜大于 2 min。

根据《消防给水及消火栓系统技术规范》（GB 50974）第 8.1.8 条规定，消防给水管道的设计流速不宜大于 2.5 m/s，但任何消防管道的给水流速不应大于 7 m/s。980 m ÷ 7 m/s =140 s>1 min，故不满足规范要求。另外，距离过远，还会产生较大的沿程水头损失。

2.【参考答案】

（1）屋顶消防水箱的高度不满足静水压力要求。

（2）消防水池的总容积可能不够。

（3）消防水池未说明是否能够独立使用，不符合要求。

（4）报警阀组有问题。

【解析】

（1）根据《消防给水及消火栓系统技术规范》（GB 50974）第 5.2.2 条规定，工业建筑水灭火设施最不利点处的静水压力不应低于 0.10 MPa，当建筑体积小于 20 000 m^3 时，不宜低于 0.07 MPa；自动喷水灭火系统等自动水灭火系统应根据喷头灭火需求压力确定，但最小不应小于 0.10 MPa。

该仓库建筑面积 7 800 m^2，建筑高度 15.8 m，则体积大于 20 000 m^3。因此对自动喷水灭火系统和消火栓系统，其静水压力都不应低于 0.1 MPa。根据背景资料，最不利点处消火栓静水压力为：20–15.8 ÷ 2–1.1=11 m，即 0.11 MPa，满足要求。最不利点处的喷头的静水压力为：20–15.8=4.2 m，即 0.042 MPa，不满足要求，应增设增稳压装置。压强和高差的换算关系是 1 MPa=100 m。

（2）该仓库属于仓库危险级Ⅱ级，喷水强度按照最大的 22 L/（min · m^2）计算（堆垛高度为 6~7.5 m 的喷水强度），则自动喷水取火系统的流量应为 22 × 200 ÷ 60 × 1.3 ≈ 95.33 L/s。（干式系统的作用面积应按对应值的 1.3 倍确定）。

仓库危险级Ⅱ级场所的系统设计基本参数

储存方式	最大净空高度 h（m）	最大储物高度 h_s（m）	喷水强度 [L/（min · m^2）]	作用面积（m^2）	持续喷水时间（h）
堆垛、托盘	9.0	h_s≤3.5	8.0	160	1.5
		3.5<h_s≤6.0	16.0	200	2.0
		6.0<h_s≤7.5	22.0		

消防水池有效容积为：45 × 3.6 × 3（室外）+25 × 3.6 × 3（室内）+95.33 × 3.6 × 2 ≈ 1 442 m^3>1 120 m^3，故消防水池总容积可能不够。此处的 3.6 是将 L/s 换算成 m^3/h。仓库危险级Ⅱ级的持续喷水时间为 2 h。

（3）根据《消防给水及消火栓系统技术规范》（GB 50974）第 4.3.6 条规定，消防水池的总蓄水有效容积大于 500 m^3 时，宜设两格能独立使用的消防水池；当大于 1 000 m^3 时，应设置能独立使用的两座消防水池。每格（或座）消防水池应设置独立的出水管，并应设置满足最低有效水位的连通管，且其管径应能满足消防给水设计流量的要求。

背景描述中未说明两个消防水池能够独立使用。

（4）在干式自动喷水灭火系统最不利点处开启末端试水装置，末端试水装置出水量不足，可能是由于阀组被杂物堵塞，可以对阀组进行清洗。

3.【参考答案】

（1）应出 5 支水枪。

（2）该仓库火灾危险等级属于Ⅱ级。

（3）持续喷水时间为 2 h。

【解析】

（1）根据《消防给水及消火栓系统技术规范》（GB 50974）第 3.5.2 条规定，h≤24 m，丙类仓库体积 V>5 000 m^3，室内消火栓同时应使用消防水枪 5 支。详见下表。

建筑物室内消火栓设计流量

<table>
<tr><th colspan="2">建筑物名称</th><th colspan="3">高度 h（m）、层数、体积 V（m^3）、座位数 n（个）、火灾危险性</th><th>消火栓设计流量（L/s）</th><th>同时使用消防水枪数（支）</th><th>每根竖管最小流量（L/s）</th></tr>
<tr><td rowspan="13">工业建筑</td><td rowspan="7">厂房</td><td rowspan="3">$h \leqslant 24$</td><td colspan="2">甲、乙、丁、戊</td><td>10</td><td>2</td><td>10</td></tr>
<tr><td rowspan="2">丙</td><td>$V \leqslant 5\,000$</td><td>10</td><td>2</td><td>10</td></tr>
<tr><td>$V>5\,000$</td><td>20</td><td>4</td><td>15</td></tr>
<tr><td rowspan="2">$24<h \leqslant 50$</td><td colspan="2">乙、丁、戊</td><td>25</td><td>5</td><td>15</td></tr>
<tr><td colspan="2">丙</td><td>30</td><td>6</td><td>15</td></tr>
<tr><td rowspan="2">$h>50$</td><td colspan="2">乙、丁、戊</td><td>30</td><td>6</td><td>15</td></tr>
<tr><td colspan="2">丙</td><td>40</td><td>8</td><td>15</td></tr>
<tr><td rowspan="6">仓库</td><td rowspan="3">$h \leqslant 24$</td><td colspan="2">甲、乙、丁、戊</td><td>10</td><td>2</td><td>10</td></tr>
<tr><td rowspan="2">丙</td><td>$V \leqslant 5\,000$</td><td>15</td><td>3</td><td>15</td></tr>
<tr><td>$V>5\,000$</td><td>25</td><td>5</td><td>15</td></tr>
<tr><td rowspan="2">$h>24$</td><td colspan="2">丁、戊</td><td>30</td><td>6</td><td>15</td></tr>
<tr><td colspan="2">丙</td><td>40</td><td>8</td><td>15</td></tr>
</table>

（2）参见《自动喷水灭火系统设计规范》（GB 50084）附录 A，该仓库为仓库危险级Ⅱ级，详见第 1 题。

（3）参见《自动喷水灭火系统设计规范》（GB 50084）表 5.0.4–2，持续喷水时间为 2 h。

4.【参考答案】

（1）干式自动喷水灭火系统管网水压强度试验及严密性试验不能采用气压试验替代。

（2）未对管网进行冲洗。

（3）干式报警阀调试记录中，没有记录开启系统试验阀后报警阀启动时间及水流到试验装置出口所需时间。

【解析】

（1）强度试验和严密性试验宜用水进行。干式喷水灭火系统、预作用喷水灭火系统应做水压试验和气压试验。

说明：水压试验简单易行，效果稳定可信。对于干式、干湿式和预作用系统来讲，投入运行后，既要长期承受带压气体的作用，火灾期间又要转换成临时高压水系统，由于水与空气或氮气的特性差异很大，所以只做一种介质的试验不能代表另一种试验的结果。

（2）参见《自动喷水灭火系统施工及验收规范》（GB 50261）第 6.1.1 条规定，管网安装完毕后，应对其进行强度试验、严密性试验和冲洗。（顺序应为强度试验、冲洗、严密

性试验）

（3）参见《自动喷水火系统施工及验收规范》（GB 50261）第 7.2.5 条规定，干式报警阀调试时，开启系统试验阀，报警阀的启动时间、启动点压力、水流到试验装置出口所需时间，均应符合设计要求。

检查数量：全数检查。

检查方法：使用压力表、流量计、秒表、声强计和观察检查。

5.【参考答案】

（1）存在问题：干式报警阀报警太迟。

原因：报警阀与仓库间的距离太远，导致水力警铃延迟报警。

（2）存在问题：末端试水装置出水量不足。

原因：

1）阀组被杂物堵塞。

2）高位消防水箱水量不足，水箱高度不够，且未设置增稳压装置。

3）消防水泵没有启动，导致水箱水用完后，管网压力下降，流量减少。

4）水泵出水管阀门未完全打开。

5）管路过长，水头损失大，造成管网压力不足。

（3）存在问题：压力开关未连锁启动消防泵。

原因：

1）压力开关设定值不合理。

2）压力开关和水泵控制柜间的连接线故障。

3）消防水泵控制柜未设定在“自动”状态。

4）消防水泵控制柜控制模块故障

（4）存在问题：水力警铃报警后又停止，不能持续报警。

原因：报警管路上有堵塞，如过滤器堵塞等。

6.【参考答案】

（1）桨片被管腔内杂物卡阻。

（2）调整螺母与触头未调试到位。

（3）电路接线脱落。

（4）水流速度过快，压力过大，水流指示器受冲击而损坏。

第四题

1.【参考答案】

（1）高层主体东侧设置宽 6 m 的门廊，同时该侧设消防车登高操作场地，且该消防车登高操作场地距离建筑外墙为 6 m，即消防车登高操作场地紧贴门廊设置，门廊进深大于 4 m，不符合规范要求。

理由：高层连续布置的消防车登高操作场地范围内的裙房进深不应大于 4 m。

（2）主体北侧消防车登高操作场地距离建筑外墙 12 m，不满足要求。

理由：主体北侧消防车登高操作场地距离建筑外墙不应大于 10 m。

【解析】

（1）高层建筑应至少沿一个长边或周边长度的1/4且不小于一个长边长度的底边连续布置消防车登高操作场地，该范围内的裙房进深不应大于4 m。

（2）消防车登高操作场地应与消防车道连通，场地靠建筑外墙一侧的边缘距离建筑外墙不宜小于5 m，且不应大于10 m，场地的坡度不宜大于3%。

2.【参考答案】

（1）地下一层建筑面积为260 m^2的舞厅不符合要求。

理由：地下舞厅建筑面积不应大于200 m^2。

（2）地下二层设置变配电室（干式变压器）、常压燃油锅炉房和柴油发电机房等设备用房不符合要求。

理由：变配电室（干式变压器）、常压燃油锅炉房和柴油发电机房等设备用房不应布置在人员密集场所的上一层、下一层或贴邻。

（3）消防水泵房设置在地下三层不符合要求。

理由：消防水泵房不应设置在地下三层以及以下。

【解析】

（1）歌舞厅、录像厅、夜总会、卡拉OK厅（含具有卡拉OK功能的餐厅）、游艺厅（含电子游艺厅）、桑拿浴室（不包括洗浴部分）、网吧等歌舞娱乐放映游艺场所（不含剧场、电影院）确需布置在地下或四层及以上楼层时，一个厅、室的建筑面积不应大于200 m^2。

（2）燃油或燃气锅炉、油浸变压器、充有可燃油的高压电容器和多油开关等，宜设置在建筑外的专用房间内；确需贴邻民用建筑布置时，应采用防火墙与所贴邻的建筑分隔，且不应贴邻人员密集场所，该专用房间的耐火等级不应低于二级；确需布置在民用建筑内时，不应布置在人员密集场所的上一层、下一层或贴邻。

（3）布置在民用建筑内的柴油发电机房不应布置在人员密集场所的上一层、下一层或贴邻。

（4）附设在建筑内的消防水泵房，不应设置在地下三层及以下或室内地面与室外出入口地坪高差大于10 m的地下楼层。

3.【参考答案】

（1）在地下一层，娱乐区与商店之间采用防火墙完全分隔；总建筑面积980 m^2的卡拉OK厅和1个建筑面积为260 m^2的舞厅不能设置为一个防火分区。

理由：地下歌舞娱乐场所，在设置自动喷水灭火系统时，防火分区面积最大为1 000 m^2。故应划分两个防火分区，采用防火墙进行分隔。

（2）卡拉OK区域每隔180~200 m^2设置了2.00 h耐火极限的实体墙，每间卡拉OK的房门均为防烟隔音门，不符合要求。

理由：每个厅、室之间采用耐火极限不低于2.00 h的防火隔墙分隔，设置在该厅、室的门应采用乙级防火门。

（3）一层的商店采用轻质墙体在吊顶下将商店隔成每间建筑面积小于 100 m^2 的多个小商铺，不符合要求。

理由：一层商铺的隔墙应砌至梁或楼板的基层。

【解析】

（1）歌舞厅、录像厅、夜总会、卡拉OK厅（含具有卡拉OK功能的餐厅）、游艺厅（含电子游艺厅）、桑拿浴室（不包括洗浴部分）、网吧等歌舞娱乐放映游艺场所（不含剧场、电影院）的厅、室之间及与建筑的其他部位之间，应采用耐火极限不低于 2.00 h 的防火隔墙和耐火极限不低于 1.00 h 的不燃性楼板分隔，设置在厅、室墙上的门和该场所与建筑内其他部位相通的门均应采用乙级防火门。

（2）建筑内的防火隔墙应从楼地面基层隔断至梁、楼板或屋面板的底面基层。

说明：本条为强制性条文。本条为保证防火隔墙的有效性，对其构造做法作了规定。为有效控制火势和烟气蔓延，特别是烟气对人员安全的威胁，旅馆、公共娱乐场所等人员密集场所内的防火隔墙，应注意将隔墙从地面或楼面砌至上一层楼板或屋面板底部。楼板与隔墙之间的缝隙、穿越墙体的管道及其缝隙、开口等应按照规范有关规定采取防火措施。

4.【参考答案】

（1）商店区域的总疏散净宽度为 39.6 m 存在问题。

理由：商店总建筑面积为 7 000 m^3，人员密度为 0.6 人 /m^2，地下人员密集的厅、室百人疏散净宽度为 1 m，所以商店区域的总疏散净宽度应不小于：$7\,000 \times 0.6 \times 1 \div 100 = 42$（m）。

（2）地下一层商店有 3 个防火分区分别借用了其他防火分区 2.4 m 的疏散净宽度，且均不大于需借用疏散宽度的防火分区所需疏散净宽度的 30% 存在问题。

理由：应该是不大于本防火分区所需疏散净宽度的 30%，同时要求建筑面积大于 1 000 m^2 的防火分区，直通室外的安全出口不应少于 2 个。

（3）儿童活动场所在安全疏散方面存在问题。

理由：儿童活动场所应设置独立的安全出口和疏散楼梯。

（4）电影院在安全疏散方面存在问题。

理由：电影院至少应设置 1 个独立的安全出口和疏散楼梯。

【解析】

（1）地下或半地下人员密集的厅、室和歌舞娱乐放映游艺场所，其房间疏散门、安全出口、疏散走道和疏散楼梯的各自总净宽度，应根据疏散人数按每 100 人不小于 1.00 m 计算确定。

（2）一、二级耐火等级公共建筑内的安全出口全部直通室外确有困难的防火分区，可利用通向相邻防火分区的甲级防火门作为安全出口，但应符合下列要求：①利用通向相邻防火分区的甲级防火门作为安全出口时，应采用防火墙与相邻防火分区进行分隔。②建筑面积大于 1 000 m^2 的防火分区，直通室外的安全出口不应少于 2 个；建筑面积不大于 1 000 m^2 的防火分区，直通室外的安全出口不应少于 1 个。③该防火分区通向相邻防火分区的疏散净宽度不应大于其按规范规定计算所需疏散总净宽度的 30%，建筑各层直通室外的安全出口总净宽度不应小于按照规范规定计算所需疏散总净宽度。

（3）托儿所、幼儿园的儿童用房，老年人活动场所和儿童游乐厅等儿童活动场所宜设置在独立的建筑内，且不应设置在地下或半地下；当采用一、二级耐火等级的建筑时，不应超过 3 层；采用三级耐火等级的建筑时，不应超过 2 层；采用四级耐火等级的建筑时，应为单层；确需设置在其他民用建筑内，并设置在高层建筑内时，应设置独立的安全出口和疏散楼梯。

说明：托儿所、幼儿园或老年人活动场所等设置在高层建筑内时，一旦发生火灾，疏散更加困难，要进一步提高疏散的可靠性，避免与其他楼层和场所的疏散人员混合，故规范要求这些场所的安全出口和疏散楼梯要完全独立于其他场所，不与其他场所内的疏散人员共用，而仅供托儿所、幼儿园或老年人活动场所等的人员疏散用。

（4）剧场、电影院、礼堂宜设置在独立的建筑内；采用三级耐火等级建筑时，不应超过 2 层；确需设置在其他民用建筑内时，至少应设置 1 个独立的安全出口和疏散楼梯。

说明：剧院、电影院和礼堂均为人员密集的场所，人群组成复杂，安全疏散需要重点考虑。当设置在其他建筑内时，考虑到这些场所在使用时，人员通常集中精力于观演等某件事情中，对周围火灾可能难以及时知情，在疏散时与其他场所的人员也可能混合。因此，要采用防火隔墙将这些场所与其他场所分隔，疏散楼梯尽量独立设置，不能完全独立设置时，也至少要保证一部疏散楼梯，仅供该场所使用，不与其他用途的场所或楼层共用。

5.【参考答案】

（1）高层主体中的疏散楼梯间的地面为阻燃地毯（B_1 级）存在问题。

理由：疏散楼梯间和其前室的顶棚、墙面和地面均应采用 A 级装修材料。

（2）客房墙面贴有墙布（B_2 级）存在问题。

理由：该高层综合楼建筑的旅馆的顶棚、墙面、地面装修材料的燃烧性能等级应分别不低于 A 级、B_1 级、B_1 级。建筑高度 100 m 以上的高层民用建筑，即使全部设置火灾自动报警装置及自动喷水灭火系统，其内部装修材料的燃烧性能等级也不应在规定的基础上降低一级。

【解析】

（1）参见《建筑内部装修设计防火规范》（GB 50222）第 4.0.5 条规定，疏散楼梯间和前室的顶棚、墙面和地面均应采用 A 级装修材料。

（2）参见《建筑内部装修设计防火规范》（GB 50222）第 5.2.1、5.2.3 条规定。

高层民用建筑内部宾馆、饭店的客房及公共活动用房等，其顶棚、墙面、地面装修材料的燃烧性能等级应分别不低于 A 级、B_1 级、B_1 级。

100m 以上的高层建筑与高层建筑内大于 400 ㎡ 的会议厅、观众厅均属特殊范围。观众厅等不仅人员密集，采光条件也较差，万一发生火灾，人员伤亡会比较严重，对人的心理影响也要超过物质因素，所以在任何条件下都不应降低内装修材料的燃烧性能等级，即使设有火灾自动报警装置和自动灭火系统。

6.【参考答案】

（1）每个消火栓箱内未配置消防软管卷盘或轻便消防水龙。

理由：人员密集的公共建筑、建筑高度大于100 m的建筑应设置消防软管卷盘或轻便消防水龙。

（2）消防水泵接合器直接设置在高层主体北侧的外墙上。

理由：建筑主体三层（局部四层）以上外墙全部设置玻璃幕墙，墙壁消防水泵接合器与墙面上的门、窗、孔、洞的净距离不应小于2.0 m，且不应安装在玻璃幕墙的下方。

（3）仅地下室、商店、酒店区的公共走道和建筑面积大于100 ㎡的房间设置了机械排烟系统存在问题。

理由：地下或半地下建筑（室）、地上建筑内的无窗房间，当总建筑面积大于200 m^2或一个房间建筑面积大于50 m^2，且经常有人停留或可燃物较多时，应设置排烟设施。

【解析】

（1）人员密集的公共建筑、建筑高度大于100 m的建筑和建筑面积大于200 m^2的商业服务网点内应设置消防软管卷盘或轻便消防水龙。高层住宅建筑的户内宜配置轻便消防水龙。

说明：消防软管卷盘和轻便消防水龙是控制建筑物内固体可燃物初起火的有效器材，用水量小、配备和使用方便，适用于非专业人员使用。本条结合建筑的规模和使用功能，确定了设置消防软管卷盘和轻便消防水龙的范围，以方便建筑内的人员扑灭初起火时使用。

（2）墙壁消防水泵接合器的安装高度距地面宜为0.70 m；与墙面上的门、窗、孔、洞的净距离不应小于2.0 m，且不应安装在玻璃幕墙下方；地下消防水泵接合器的安装，应使进水口与井盖底面的距离不大于0.40 m，且不应小于井盖的半径。

（3）参见《建筑设计防火规范》（GB 50016）第8.5.4条规定，地下或半地下建筑（室）、地上建筑内的无窗房间，当总建筑面积大于200 m^2或一个房间建筑面积大于50 m^2，且经常有人停留或可燃物较多时，应设置排烟设施。

说明：本条为强制性条文。地下、半地下建筑（室）不同于地上建筑，地下空间的对流条件、自然采光和自然通风条件差，可燃物在燃烧过程中缺乏充足的空气补充，可燃物燃烧慢、产烟量大、温升快、能见度降低很快，不仅增加人员的恐慌心理，而且对安全疏散和灭火救援十分不利。因此，地下空间的防排烟设置要求比地上空间严格。地上建筑中无窗房间的通风与自然排烟条件与地下建筑类似，因此其相关要求也与地下建筑的要求一致。

第五题

1.【参考答案】不符合。按规范规定，建筑高度大于100 m、不大于150 m的一类高层公共建筑，屋顶水箱容量应不小于50 m^3。

【解析】参见《消防给水及消火栓系统技术规范》（GB 50974）第5.2.1条规定，临时高压消防给水系统的高位消防水箱的有效容积应满足初期火灾消防用水量的要求，并应符合下列规定：

（1）一类高层公共建筑，不应小于36 m^3，但当建筑高度大于100 m时，不应小于

50 m^3，当建筑高度大于 150 m 时，不应小于 100 m^3。

（2）多层公共建筑、二类高层公共建筑和一类高层住宅，不应小于 18 m^3，当一类高层住宅建筑高度超过 100 m 时，不应小于 36 m^3。

（3）二类高层住宅，不应小于 12 m^3。

（4）建筑高度大于 21 m 的多层住宅，不应小于 6 m^3。

（5）工业建筑室内消防给水设计流量当小于或等于 25 L/s 时，不应小于 12 m^3，大于 25 L/s 时，不应小于 18 m^3。

（6）总建筑面积大于 10 000 m^2 且小于 30 000 m^2 的商店建筑，不应小于 36 m^3，总建筑面积大于 30 000 m^2 的商店，不应小于 50 m^3，当与上述第（1）款规定不一致时应取其较大值。

2.【参考答案】不符合。屋顶试验消火栓静压为 0.1 MPa，该建筑平均层高约为 3.5 m，可能导致最不利点处消火栓静压不能满足不低于 0.15 MPa 的要求，如不满足，需要增加消防水箱高度或增设增压设施。试验消火栓栓口压力为 0.65 MPa，则会导致其他消火栓栓口压力大于 0.5 MPa，故存在问题，需要设置减压装置。

【解析】

（1）高位消防水箱的设置位置应高于其所服务的水灭火设施，且最低有效水位应满足水灭火设施最不利点处的静水压力，并应按下列规定确定：

1）一类高层公共建筑，不应低于 0.10 MPa，但当建筑高度超过 100 m 时，不应低于 0.15 MPa。

2）高层住宅、二类高层公共建筑、多层公共建筑，不应低于 0.07 MPa，多层住宅不宜低于 0.07 MPa。

3）工业建筑不应低于 0.10 MPa，当建筑体积小于 20 000 m^3 时，不宜低于 0.07 MPa。

4）自动喷水灭火系统等自动水灭火系统应根据喷头灭火需求压力确定，但最小不应小于 0.10 MPa。

5）当高位消防水箱不能满足上述第 1）款～第 4）款的静压要求时，应设稳压泵。

（2）室内消火栓栓口压力和消防水枪充实水柱，应符合下列规定：

1）消火栓栓口动压不应大于 0.50 MPa；当大于 0.70 MPa 时必须设置减压装置。

2）高层建筑、厂房、库房和室内净空高度超过 8 m 的民用建筑等场所，消火栓栓口动压不应小于 0.35 MPa，且消防水枪充实水柱应按 13 m 计算；其他场所，消火栓栓口动压不应小于 0.25 MPa，且消防水枪充实水柱应按 10 m 计算。

3.【参考答案】该室内消火栓检测步骤如下：

（1）选择最不利处消火栓，连接压力表及闷盖，开启消火栓，测量栓口静水压力。

（2）连接水带、水枪，触发启泵按钮，查看消防泵启动和信号显示，测量栓口静水压力。

（3）按设计出水量开启消火栓，测量最不利处消火栓出水压力。

（4）按设计出水量开启消火栓，测量最有利处消火栓出水压力。

（5）系统恢复正常状态。

【解析】室内消火栓系统功能检测要求如下：

（1）选择最不利处消火栓，连接压力表及闷盖，开启消火栓，测量栓口静水压力。

（2）连接水带、水枪，触发启泵按钮，查看消防泵启动和信号显示，测量栓口静水压力。

（3）按设计出水量开启消火栓，测量最不利点处消火栓出水压力。

（4）按设计出水量开启消火栓，测量最有利点处消火栓出水压力。

（5）系统恢复正常状态。

4.【参考答案】

（1）只设了一个减压阀组，不合理。解决方法：按规范减压阀应设置在报警阀组入口前，且每一供水分区应设不少于两组减压阀组，每组减压阀组宜设置备用减压阀。因此本案例中的中、低区应分别设不少于两组减压阀，并分别设置备用减压阀。

（2）减压阀进口处未设过滤器。解决方法：减压阀的进口处应设置过滤器。

【解析】

（1）采用减压阀减压分区供水时应符合下列规定：

1）消防给水所采用的减压阀性能应安全可靠，并应满足消防给水的要求。

2）减压阀应根据消防给水设计流量和压力选择，且设计流量应在减压阀流量压力特性曲线的有效段内，并校核在 150% 设计流量时，减压阀的出口动压不应小于设计值的 65%。

3）每一供水分区应设不少于两组减压阀组，每组减压阀组宜设置备用减压阀。

4）减压阀仅应设置在单向流动的供水管上，不应设置在有双向流动的输水干管上。

5）减压阀宜采用比例式减压阀，当超过 1.20 MPa 时，宜采用先导式减压阀。

6）减压阀的阀前阀后压力比值不宜大于 3∶1，当一级减压阀减压不能满足要求时，可采用减压阀串联减压，但串联减压不应大于两级，第二级减压阀宜采用先导式减压阀，阀前后压力差不宜超过 0.40 MPa。

7）减压阀后应设置安全阀，安全阀的开启压力应能满足系统安全，且不应影响系统的供水安全性。

（2）减压阀的设置应符合下列规定：

1）减压阀应设置在报警阀组入口前，当连接两个及以上报警阀组时，应设置备用减压阀。

2）减压阀的进口处应设置过滤器，过滤器的孔网直径不宜小于 4 ~ 5 目 /cm^2，过流面积不应小于管道截面积的 4 倍。

3）过滤器和减压阀前后应设压力表，压力表的表盘直径不应小于 100 mm，最大量程宜为设计压力的 2 倍。

4）过滤器前和减压阀后应设置控制阀门。

5）减压阀后应设置压力试验排水阀。

6）减压阀应设置流量检测测试接口或流量计。

7）垂直安装的减压阀，水流方向宜向下。

8）比例式减压阀宜垂直安装，可调式减压阀宜水平安装。

9）减压阀和控制阀门宜有保护或锁定调节配件的装置。

10）接减压阀的管段不应有气堵、气阻。

5.【参考答案】

（1）水力警铃不工作原因：

1）产品质量问题或者安装调试不符合要求。

2）报警阀至水力警铃的管路阻塞或者铃锤机构被卡住。

（2）压力开关不工作原因：

1）压力开关产品质量不合格或损坏。

2）压力开关线路故障（包括连锁启动消防泵的线路及反馈动作信号的线路）。

3）压力开关进水口堵塞。

4）报警管路控制阀关闭。

5）延迟器下的节流孔过大，导致泄水量过大。

6）过滤器堵塞。

第六题

1.【参考答案】

（1）该厂房为耐火等级三级的丙类厂房。厂房占地面积大于 3 000 m^2，应设环形消防车道，图示厂房四周均有 4 m 的消防车道，符合消防安全规定；但木器厂房与锅炉房、金属抛光厂房的防火间距不符合消防安全规定：木器厂房与锅炉房的最小防火间距应为 14 m，与金属抛光厂房的最小防火间距应为 15 m。

（2）防火间距不足，可采取下列技术措施：

1）将锅炉房或木器厂房的耐火等级提高到二级，同时将金属抛光厂房南侧的外墙改造成无门、窗、洞口的防火墙。此时木器厂房与锅炉房的防火间距不应小于 12 m，金属抛光厂房与木器厂房的防火间距不限。

2）将木器厂房的耐火等级提高到二级，且其北侧的外墙改为无门、窗、洞口的防火墙（需要将北侧的门、窗、洞口封堵，修改疏散设施），屋顶的耐火极限不低于 1.00 h，且无天窗。此时木器厂房与锅炉房的防火间距不应小于 12 m，金属抛光厂房与木器厂房的防火间距不应小于 6 m。

3）将锅炉房和金属抛光车间面对木器厂房一面的外墙改为不开设门、窗、洞口的防火墙，防火间距可不限。

4）对金属抛光厂房面对木器厂房的外墙进行改造为不开设门、窗、洞口的防火墙则间距不限。

5）对木器厂房进行结构改造，使其耐火等级不低于二级，且对金属抛光车间面对木器厂房外墙的门、窗、洞口进行改造为甲级防火门窗或设水幕保护达到规范要求，或按规范规定设置防火卷帘时，则最小间距为 6 m，满足要求。

【解析】

（1）工厂、仓库区内应设置消防车道。高层厂房，占地面积大于 3 000 m^2 的甲、乙、丙类厂房和占地面积大于 1 500 m^2 的乙、丙类仓库，应设置环形消防车道，确有困难时，应沿建筑物的两个长边设置消防车道。

消防车道应符合下列要求：

1）车道的净宽度和净空高度均不应小于 4.0 m。

2）转弯半径应满足消防车转弯的要求。

3）消防车道与建筑之间不应设置妨碍消防车操作的树木、架空管线等障碍物。

4）消防车道靠建筑外墙一侧的边缘距离建筑外墙不宜小于 5 m。

5）消防车道的坡度不宜大于 8%。

（2）两座厂房相邻较高一面外墙为防火墙，或相邻两座高度相同的一、二级耐火等级建筑中相邻任一侧外墙为防火墙且屋顶的耐火极限不低于 1.00 h 时，其防火间距不限，但甲类厂房之间不应小于 4 m。两座丙、丁、戊类厂房相邻两面外墙均为不燃性墙体，当无外露的可燃性屋檐，每面外墙上的门、窗、洞口面积之和各不大于外墙面积的 5%，且门、窗、洞口不正对开设时，其防火间距可按规定减少 25%。

两座一、二级耐火等级的厂房，当相邻较低一面外墙为防火墙且较低一座厂房的屋顶无天窗，屋顶的耐火极限不低于 1.00 h，或相邻较高一面外墙的门、窗等开口部位设置甲级防火门、窗或防火分隔水幕或按规定设置防火卷帘时，甲、乙类厂房之间的防火间距不应小于 6 m；丙、丁、戊类厂房之间的防火间距不应小于 4 m。

2.【参考答案】

（1）办公、休息区，采用耐火极限 2.50 h 的防火隔墙和耐火极限不低于 1.00 h 的楼板与车间分隔，并应至少设置 1 个独立的安全出口。防火隔墙上应设乙级防火门，不应设双扇弹簧门。

（2）油漆工段通向车间的防火墙上设有双扇弹簧门，不合理；有爆炸危险的区域（油漆工段）与相邻区域连通处，应设置门斗等防护措施。门斗的隔墙应为耐火极限不低于 2.00 h 的防火隔墙。

（3）该中间仓库应靠外墙布置，其储存量不宜超过 1 昼夜的需要量；本题为 3 昼夜的量，应减少。

【解析】

（1）员工宿舍严禁设置在厂房内。

办公室、休息室设置在丙类厂房内时，应采用耐火极限不低于 2.50 h 的防火隔墙和耐火极限不低于 1.00 h 的楼板与其他部位分隔，并应至少设置 1 个独立的安全出口。如隔墙上需开设相互连通的门时，应采用乙级防火门。

说明：在丙类厂房内设置用于管理、控制或调度生产的办公房间以及工人的中间临时休息室，要采用规定的耐火构件与生产部分隔开，并设置不经过生产区域的疏散楼梯、疏散门等直通厂房外，为方便沟通而设置的、与生产区域相通的门要采用乙级防火门。

（2）有爆炸危险区域内的楼梯间、室外楼梯或有爆炸危险的区域与相邻区域连通处，应设置门斗等防护措施。门斗的隔墙应为耐火极限不低于 2.00 h 的防火隔墙，门应采用甲级防火门并应与楼梯间的门错位设置。

说明：在有爆炸危险的甲、乙类厂房或场所中，有爆炸危险的区域与相邻的其他有爆炸危险或无爆炸危险的生产区域因生产工艺需要连通时，要尽量在外墙上开门，利用外廊或阳台联系或在防火墙上做门斗，门斗的两个门错开设置。考虑到对疏散楼梯的保护，设置在有爆炸危险场所内的疏散楼梯也要考虑设置门斗，以此缓冲爆炸冲击波的作用，降低爆炸对疏散楼梯间的影响。此外，门斗还可以限制爆炸性可燃气体、可燃蒸气混合物的扩散。

（3）甲、乙类中间仓库应靠外墙布置，其储量不宜超过 1 昼夜的需要量。

说明：对于甲、乙类物品中间仓库，由于工厂规模、产品不同，一昼夜需用量的绝对值有大有小，难以规定一个具体的限量数据，规范规定中间仓库的储量要尽量控制在一昼夜的需用量内。当需用量较少的厂房，如有的手表厂用于清洗的汽油，每昼夜需用量只有 20kg，可适当调整到存放 1 ~ 2 昼夜的用量；如一昼夜需用量较大，则要严格控制为一昼夜用量。

3.【参考答案】

（1）油漆工段长径比为建筑平面几何外形尺寸中最长尺寸与其横截面周长的积和 4.0 倍的该建筑横截面积之比，即：$=15\times(10\times2+5\times2)\div(4\times10\times5)=2.25<3$，因此不用分段计算。

油漆工段的泄压面积 $A=10\times0.11\times(150\times5)^{2/3}=90.805$（$m^2$）

（2）油漆工段外墙长 15 m，高 5 m，外墙面积为 $15\times5=75$（m^2），小于泄压面积，故不能采用外窗作为泄压面，应在屋顶增设泄压面，或仅在屋顶设置泄压面。当采用外窗作为泄压面时，应采用易于泄压的窗，窗的开启方向选择向外开，应避开人员集中的场所和主要交通道路，窗户上的玻璃不应采用普通玻璃。

【解析】

（1）厂房的泄压面积宜按下式计算，但当厂房的长径比大于 3 时，宜将建筑划分为长径比不大于 3 的多个计算段，各计算段中的公共截面不得作为泄压面积：

$$A=10CV^{\frac{2}{3}}$$

式中 A——泄压面积（m^2）；

V——厂房的容积（m^3）；

C——泄压比（m^2/m^3）。

注：长径比为建筑平面几何外形尺寸中的最长尺寸与其横截面周长的积和 4.0 倍的建筑横截面积之比。

（2）泄压设施宜采用轻质屋面板、轻质墙体和易于泄压的门、窗等，应采用安全玻璃等在爆炸时不产生尖锐碎片的材料。

泄压设施的设置应避开人员密集场所和主要交通道路，并宜靠近有爆炸危险的部位。

作为泄压设施的轻质屋面板和墙体的质量不宜大于 $60kg/m^2$。

屋顶上的泄压设施应采取防冰雪积聚措施。

4.【参考答案】

（1）存在问题：中间仓库储存油漆、稀释剂较多，超过一昼夜的量。

（2）采取的防火防爆技术措施：

1）应靠外墙布置。

2）应设置防止液体流散的设施。

3）消除点火源、明火，防止电火花、撞击火花、静电等。

【解析】

（1）厂房内设置中间仓库时，应符合下列规定：

1）甲、乙类中间仓库应靠外墙布置，其储量不宜超过 1 昼夜的需要量。

2）甲、乙、丙类中间仓库应采用防火墙和耐火极限不低于 1.50 h 的不燃性楼板与其他部位分隔。

3）丁、戊类中间仓库应采用耐火极限不低于 2.00 h 的防火隔墙和耐火极限不低于 1.00 h 的楼板与其他部位分隔。

4）仓库的耐火等级和面积应符合规范有关规定。

（2）甲、乙、丙类液体仓库应设置防止液体流散的设施。遇湿会发生燃烧爆炸的物品仓库应采取防止水浸渍的措施。

5.【参考答案】还应设置自动喷水灭火系统、火灾自动报警系统等。

【解析】

（1）除规范另有规定和不宜用水保护或灭火的场所外，下列厂房或生产部位应设置自动灭火系统，并宜采用自动喷水灭火系统：

1）不小于 50 000 纱锭的棉纺厂的开包、清花车间，不小于 5 000 锭的麻纺厂的分级、梳麻车间，火柴厂的烤梗、筛选部位。

2）占地面积大于 1 500 m^2 或总建筑面积大于 3 000 m^2 的单、多层制鞋、制衣、玩具及电子等类似生产的厂房。

3）占地面积大于 1 500 m^2 的木器厂房。

4）泡沫塑料厂的预发、成型、切片、压花部位。

5）高层乙、丙类厂房。

6）建筑面积大于 500 m^2 的地下或半地下丙类厂房。

（2）下列建筑或场所应设置火灾自动报警系统：

1）任一层建筑面积大于 1 500 m^2 或总建筑面积大于 3 000 m^2 的制鞋、制衣、玩具、电子等类似用途的厂房。

2）每座占地面积大于 1 000 m^2 的棉、毛、丝、麻、化纤及其制品的仓库，占地面积大于 500 m^2 或总建筑面积大于 1 000 m^2 的卷烟仓库。

3）任一层建筑面积大于 1 500 m^2 或总建筑面积大于 3 000 m^2 的商店、展览、财贸金融、客运和货运等类似用途的建筑，总建筑面积大于 500 m^2 的地下或半地下商店。

4）图书或文物的珍藏库，每座藏书超过 50 万册的图书馆，重要的档案馆。

5）地市级及以上广播电视建筑、邮政建筑、电信建筑，城市或区域性电力、交通和防灾等指挥调度建筑。

6）特等、甲等剧场，座位数超过 1 500 个的其他等级的剧场或电影院，座位数超过

2 000 个的会堂或礼堂，座位数超过 3 000 个的体育馆。

7）大、中型幼儿园的儿童用房等场所，老年人照料设施，任一层建筑面积大于 1 500 m^2 或总建筑面积大于 3 000 m^2 的疗养院的病房楼、旅馆建筑和其他儿童活动场所，不少于 200 床位的医院门诊楼、病房楼和手术部等。

8）歌舞娱乐放映游艺场所。

9）净高大于 2.6 m 且可燃物较多的技术夹层，净高大于 0.8 m 且有可燃物的闷顶或吊顶内。

10）电子信息系统的主机房及其控制室、记录介质库，特殊贵重或火灾危险性大的机器、仪表、仪器设备室、贵重物品库房。

11）二类高层公共建筑内建筑面积大于 50 m^2 的可燃物品库房和建筑面积大于 500 m^2 的营业厅。

12）其他一类高层公共建筑。

13）设置机械排烟、防烟系统，雨淋或预作用自动喷水灭火系统，固定消防水炮灭火系统，气体灭火系统等需与火灾自动报警系统连锁动作的场所或部位。

消防安全案例分析
模拟测试（四）参考答案及解析

第一题

1.【参考答案】

（1）MFZ/ABC4（干粉灭火器）满 5 年需要分批次全部检查，出厂日期为 2010 年 1 月的灭火器中，2 具筒体锈蚀面积与筒体面积之比超过 1∶3 的应报废，其余的 80 具，截止到 2015 年 2 月 5 日已经超过 5 年，故需要送修。

（2）出厂日期为 2010 年 7 月的灭火器中，有 2 具筒体锈蚀面积与筒体面积之比超过 1∶3 的应报废；3 具筒体锈蚀面积与筒体面积之比小于 1∶3 的灭火器和 3 具压力表指针位于红区的灭火器应送修，其余 74 具灭火器可以等到 2015 年 7 月再送修。

（3）出厂日期为 2003 年 1 月的 18 具 MT5（二氧化碳灭火器），超过了报废年限要求（12 年），故应全部报废。

（4）2003 年 7 月出厂的 MT5（二氧化碳灭火器），其中严重变形的 1 具需报废。其余的灭火器在 2014 年 7 月完成维修，出厂不满 12 年，可以继续使用。

【解析】存在机械损伤、明显锈蚀、灭火剂泄漏、被开启使用过或符合其他维修条件的灭火器应及时进行维修。

灭火器的维修期限见下表。

灭火器的维修期限

灭火器类型		维修期限
水基型灭火器	手提式水基型灭火器	出厂期满 3 年；首次维修以后每满 1 年
	推车式水基型灭火器	
干粉灭火器	手提式（贮压式）干粉灭火器	出厂期满 5 年；首次维修以后每满 2 年
	手提式（储气瓶式）干粉灭火器	
	推车式（贮压式）干粉灭火器	
	推车式（储气瓶式）干粉灭火器	
洁净气体灭火器	手提式洁净气体灭火器	
	推车式洁净气体灭火器	
二氧化碳灭火器	手提式二氧化碳灭火器	
	推车式二氧化碳灭火器	

说明：本条属于强制性条文，应当严格执行。本条对灭火器的维修期限做出了详细规定。只要达到或超过维修期限，即使灭火器未曾使用过，也应送修。本条还规定了首次维修之后的灭火器维修期限间隔。

2.【参考答案】

（1）水力警铃声强为 65 dB，小于 70 dB，故错误。

【解析】水力警铃应安装在公共通道或值班室附近的外墙上，且应安装检修、测试用的阀门。水力警铃和报警阀的连接应采用热镀锌钢管，当镀锌钢管的公称直径为 20 mm 时，其长度不宜大于 20 m；安装后的水力警铃启动时，警铃声强度应不小于 70 dB。

检查数量：全数检查。

检查方法：观察检查、尺量检查和开启阀门放水，水力警铃启动后检查压力表的数值。

（2）消防水泵不启动的原因可能是：压力开关与水泵的接线有问题，压力开关本身有问题导致不能控制消防水泵启动，消防联动控制设备中的控制模块损坏，水泵控制柜、联动控制设备的控制模式未设定在“自动”状态，水泵控制柜故障、水泵故障等。

（3）湿式自动喷水灭火系统联动功能检查测试的内容：系统控制装置设置为“自动”控制方式，启动 1 只喷头或者开启末端试水装置，流量保持在 0.94~1.5 L/s，水流指示器、报警阀、压力开关、高位消防水箱流量开关、水力警铃、系统管网压力开关和消防水泵等应及时动作，并有相应组件的动作信号反馈到消防联动控制设备。

检测方法：打开阀门放水，使用流量计、压力表核定流量、压力，目测观察系统动作情况。

3.【参考答案】

（1）驱动气体控制管路上缺少低泄高封阀，灭火剂瓶组、驱动气体瓶组及集流管上缺少安全泄放装置。

（2）容器阀、安全阀，最大防护区对应的驱动装置为 2 号驱动气瓶。根据表 2，防护区 A 需要 4 只灭火剂钢瓶，图中只有 2 号驱动气瓶连接 4 只。

【解析】在储存容器或容器阀上，应设安全泄压装置和压力表。组合分配系统的集流管，应设安全泄压装置。安全泄压装置的动作压力，应符合相应气体灭火系统的设计规定。

4.【参考答案】

（1）组件应在厂外焊接，厂内安装。

（2）应到专门补压房间进行补压，并测试。

（3）应查明气罐压力不足的原因并维修。

第二题

1.【参考答案】

（1）地下二层存在下列问题：

1）消防水泵房不应设置在室内地面与室外出入口地坪高差大于 10 m 的地下楼层，本题地下二层室内地面与室外出入口地坪高差为 11.5 m，故存在问题。

2）油漆、香蕉水的火灾危险性属于甲类。地下营业厅不应经营甲、乙类火灾危险性物品。

（2）地上四层存在下列问题：

1）游艺厅布置在四层，建筑面积不应大于 200 m^2，本题中的游艺厅 216 m^2 的厅室存在问题。

2）儿童游乐厅设置在一、二级耐火等级的建筑内时，应布置在首层或二、三层，本题中的儿童游乐厅设置在四层，存在问题。

3）电影院观众厅确需布置在一、二级耐火等级建筑内的四层及以上楼层时，每个观众厅的建筑面积不宜大于 400 m^2；电影院应采用耐火极限不低于 2.00 h 的防火隔墙和甲级防火门与其他区域分隔；游艺厅确需布置在地下或四层及以上楼层时，一个厅、室的建筑面积不应超过 200 m^2；游艺厅应采用耐火极限不低于 2.00 h 的防火隔墙与其他区域进行防火分隔，设置在防火隔墙上的门应采用乙级防火门。本题中的游艺厅和电影院候场区均采用不到顶的玻璃隔断、玻璃门与其他部位分隔，存在问题。

【解析】

（1）《建筑设计防火规范》（GB 50016）规定：附设在建筑内的消防水泵房，不应设置在地下三层及以下或室内地面与室外出入口地坪高差大于 10 m 的地下楼层。

说明：本条为强制性条文。消防水泵房需保证泵房内部设备在火灾情况下仍能正常工作，设备和需进入房间进行操作的人员不会受到火灾的威胁。本条规定是为了便于操作人员在火灾时进入泵房，并保证泵房不会受到外部火灾的影响。

《建筑设计防火规范》（GB 50016）规定：地下或半地下营业厅、展览厅不应经营、储存和展示甲、乙类火灾危险性物品。

说明：甲、乙类火灾危险性物品，极易燃烧、难以扑救，故严格规定营业厅、展览厅不得经营、展示，仓库不得储存此类物品。

（2）托儿所、幼儿园的儿童用房、老年人活动场所和儿童游乐厅等儿童活动场所宜设置在独立的建筑内，且不应设置在地下或半地下。当采用一、二级耐火等级的建筑时，不应超过 3 层。采用三级耐火等级的建筑时，不应超过 2 层。采用四级耐火等级的建筑时，应为单层。确需设置在其他民用建筑内时，应符合下列规定：①设置在一、二级耐火等级的建筑内时，应布置在首层、二层或三层；②设置在三级耐火等级的建筑内时，应布置在首层或二层；③设置在四级耐火等级的建筑内时，应布置在首层；④设置在高层建筑内时，应设置独立的安全出口和疏散楼梯；⑤设置在单、多层建筑内时，宜设置独立的安全出口和疏散楼梯。

《建筑设计防火规范》（GB 50016）规定：剧场、电影院、礼堂宜设置在独立的建筑内。采用三级耐火等级建筑时，不应超过 2 层。确需设置在其他民用建筑内时，至少应设置 1 个独立的安全出口和疏散楼梯，并应符合下列规定：①应采用耐火极限不低于 2.00 h 的防火隔墙和甲级防火门与其他区域分隔。②设置在一、二级耐火等级的建筑内时，观众厅宜布置在首层、二层或三层；确需布置在四层及以上楼层时，一个厅、室的疏散门不应少于 2 个，且每个观众厅的建筑面积不宜大于 400 m^2。③设置在三级耐火等级的建筑内时，不应布置在三层及以上楼层。④设置在地下或半地下时，宜设置在地下一层，不应设置在地下三层及以下楼层。⑤设置在高层建筑内时，应设置火灾自动报警系统及自动喷水灭火系统等自动灭火系统。

《建筑设计防火规范》（GB 50016）规定，歌舞厅、录像厅、夜总会、卡拉 OK 厅（含具有卡拉 OK 功能的餐厅）、游艺厅（含电子游艺厅）、桑拿浴室（不包括洗浴部分）、网吧等歌舞娱乐放映游艺场所（不含剧场、电影院）的布置应符合下列规定：①不应布置在地下二层及以下楼层；②宜布置在一、二级耐火等级建筑内的首层、二层或三层的靠外墙部位；③不宜布置在袋形走道的两侧或尽端；④确需布置在地下一层时，地下一层的地面与室外出入口地坪的高差不应大于 10 m；⑤确需布置在地下或四层及以上楼层时，一个厅、室的建筑面积不应大于 200 m^2；⑥厅、室之间及与建筑的其他部位之间，应采用耐火极限不低于 2.00 h 的防火隔墙和 1.00 h 的不燃性楼板分隔，设置在厅、室墙上的门和该场所与建筑内其他部位相通的门均应采用乙级防火门。

2.【参考答案】本题中的地下商场部分采用耐火极限为 1.5 h 的不燃性楼板和防火墙及符合规定的防火卷帘进行分隔，故存在问题。

整改措施：

①应采用无门、窗、洞口的防火墙、耐火极限不低于 2.00 h 的楼板分隔为多个建筑面积不大于 20 000 m^2 的区域。②相邻区域确需局部连通时，应采用下沉式广场等室外开敞空间、防火隔间、避难走道、防烟楼梯间等方式进行连通。③商场与汽车库之间的楼板也应采用耐火极限不低于 2.00 h 的不燃性楼板进行分割。

【解析】总建筑面积大于 20 000 m^2 的地下或半地下商店，应采用无门、窗、洞口的防火墙、耐火极限不低于 2.00 h 的楼板分隔为多个建筑面积不大于 20 000 m^2 的区域。相邻区域确需局部连通时，应采用下沉式广场等室外开敞空间、防火隔间、避难走道、防烟楼梯间等方式进行连通，并应符合下列规定：①下沉式广场等室外开敞空间应能防止相邻区域的火灾蔓延和便于安全疏散，并应符合《建筑设计防火规范》（GB 50016）第 6.4.12 条的规定；②防火隔间的墙应为耐火极限不低于 3.00 h 的防火隔墙，并应符合规定；③避难走道应符合规定；④防烟楼梯间的门应采用甲级防火门。

3.【参考答案】购物中心地下一、二层安全出口的最小总净宽度：

（1）地下一层：$15\,200 \times 0.6 \times 0.3 \times 1/100=27.4$（m）

（2）地下二层：$5\,820 \times 0.56 \times 0.3 \times 1/100=9.8$（m）

地下二层亦经过地下一层疏散，地下建筑中上层楼梯的总净宽度应按该层及以下疏散人数最多一层的人数计算，地上一层人数最多，故地下一层疏散楼梯的最小总净宽度应为 27.4 m。

【解析】首先需要计算出地下购物中心的人数：面积 × 人员密度。由于地下部分为建材商店、家具和灯饰商店，人员密度按照 30% 计算。

《建筑设计防火规范》（GB 50016）规定：除剧场、电影院、礼堂、体育馆外的其他公共建筑，其房间疏散门、安全出口、疏散走道和疏散楼梯的各自总净宽度，应符合下列规定：商店的疏散人数应按每层营业厅的建筑面积乘以规定的人员密度计算。对于建材商店、家具和灯饰展示建筑，其人员密度可按规定值的 30% 确定。

说明：有关家具、建材商店和灯饰展示建筑的人员密度调查表明，该类建筑与百货商店、超市等相比，人员密度较小，高峰时刻的人员密度在 0.01 ~ 0.034 人 /m^2。考虑到地区差异及开业庆典和节假日等因素，确定家具、建材商店和灯饰展示建筑的人员密度为规定值的 30%。

4.【参考答案】本题中的“每层疏散照明的地面水平照度为 1.0 lx，备用电源连续供电时间为 0.6 h”不正确。理由：

（1）建筑内疏散照明的地面最低水平照度应符合下列规定：

1）人员密集场所，不应低于 3.0 lx。

2）楼梯间、前室或合用前室、避难走道，不应低于 5.0 lx。

（2）备用电源的连续供电时间，总建筑面积大于 20 000 m^2 的地下建筑，不应少于 1.0 h。

建筑内消防应急照明和灯光疏散指示标志的备用电源的连续供电时间应符合下列规定：

1）建筑高度大于 100 m 的民用建筑，不应小于 1.5 h。

2）医疗建筑、老年人建筑、总建筑面积大于 100 000 m^2 的公共建筑和总建筑面积大于 20 000 m^2 的地下、半地下建筑，不应少于 1.0 h。

3）其他建筑，不应少于 0.5 h。

根据《建筑设计防火规范》（GB 50016），建筑内疏散照明的地面最低水平照度应符合下列规定：

1）对于疏散走道，不应低于 1.0 lx。

2）对于人员密集场所、避难层（间），不应低于 3.0 lx；对于病房楼或手术部的避难间，不应低于 10.0 lx。

3）对于楼梯间、前室或合用前室、避难走道，不应低于 5.0 lx。

5.【参考答案】

（1）本题中，模塑聚苯板保温板的燃烧性能等级为 B_3 级，不符合规范要求。

根据规范规定，设置人员密集场所的建筑，其外墙外保温材料的燃烧性能应为 A 级。

（2）本题中，在楼板处每隔一层用防火封堵材料对空腔进行防火封堵，不符合规范要求。

根据规范规定，建筑外墙外保温系统与基层墙体、装饰层之间的空腔，应在每层楼板处采用防火封堵材料封堵。

【解析】设置人员密集场所的建筑，其外墙外保温材料的燃烧性能应为 A 级。

说明：本条为强制性条文。有机保温材料在我国建筑外保温应用中占据主导地位，但由于有机保温材料的可燃性，使得外墙外保温系统火灾屡屡发生，并造成了严重后果。国外一些国家对外保温系统使用的有机保温材料的燃烧性能进行了较严格的规定。对于人员密集场所，火灾容易导致人员群死群伤，故本条要求设有人员密集场所的建筑，其外墙外保温材料应采用 A 级材料。

《建筑设计防火规范》（GB 50016）规定：建筑外墙外保温系统与基层墙体、装饰层之间的空腔，应在每层楼板处采用防火封堵材料封堵。

第三题

1.【参考答案】该建筑高位消防水箱的有效容积和最低有效水位高程不符合要求。

（1）该建筑为一类高层公共建筑，且建筑高度不大于 100 m，故高位消防水箱的有效容积最低为 36 m^3。

（2）最低有效水位的高程与最不利喷头的间距不到 10 m，不符合最不利点的静水压力 0.1 MPa 的要求。应增大高位消防水箱容积；提高高位消防水箱最低有效水位高程或增加增稳压设施。

（3）高位消防水箱应由专用的补水管补水，而不是消防水泵补水。另外，进水管的管径应满足消防水箱 8 h 充满水的要求，但管径不应小于 *DN*32 mm。

（4）进水管口的最低点高出溢流管 200 mm，不合理，应不超过 150 mm。

（5）溢流管直径 *DN*75 mm，不合理，应不小于 *DN*100 mm。

【解析】根据《消防给水及消火栓系统技术规范》（GB 50974），临时高压消防给水系统的高位消防水箱的有效容积应满足初期火灾消防用水量的要求，并应符合下列规定：一类高层公共建筑，不应小于 36 m^3，但当建筑高度大于 100 m 时，不应小于 50 m^3，当建筑高度大于 150 m 时，不应小于 100 m^3。

高位消防水箱的设置位置应高于其所服务的水灭火设施，且最低有效水位应满足水灭火设施最不利点处的静水压力，并应按下列规定确定：一类高层公共建筑，不应低于 0.10 MPa，但当建筑高度超过 100 m 时，不应低于 0.15 MPa。

高位消防水箱应符合下列规定：进水管的管径应满足消防水箱 8 h 充满水的要求，但管径不应小于 *DN*32 mm，进水管宜设置液位阀或浮球阀；进水管应在溢流水位以上接入，进水管口的最低点高出溢流边缘的高度应等于进水管管径，但最小不应小于 100 mm，最大不应大于 150 mm；溢流管的直径不应小于进水管直径的 2 倍，且不应小于 *DN*100 mm，溢流管的喇叭口直径不应小于溢流管直径的 1.5 ~ 2.5 倍。

2.【参考答案】不合理。

（1）该建筑四周都为玻璃幕墙，水泵接合器不应安装在玻璃幕墙下方。

（2）该建筑采用分区供水方式，水泵接合器应该按照高、低区分别设置，不应共用。

（3）墙壁式水泵接合器安装高度应为 0.7 m，而不应为 1.1 m。

（4）本题中，水泵接合器距离室外消火栓的距离为 60 m，不符合要求。水泵接合器应设在室外便于消防车使用的地点，且距室外消火栓或消防水池的距离不宜小于 15 m，并不宜大于 40 m。

【解析】消防给水为竖向分区供水时，在消防车供水压力范围内的分区，应分别设置水泵接合器；当建筑高度超过消防车供水高度时，消防给水应在设备层等方便操作的地点设置手抬泵或移动泵接力供水的吸水和加压接口。

水泵接合器应设在室外便于消防车使用的地点，且距室外消火栓或消防水池的距离不宜小于 15 m，并不宜大于 40 m。

墙壁消防水泵接合器的安装高度距地面宜为 0.70 m；与墙面上的门、窗、孔、洞的净距离不应小于2.0 m，且不应安装在玻璃幕墙下方；地下消防水泵接合器的安装，应使进水口与井盖底面的距离不大于0.40 m，且不应小于井盖的半径。

3.【参考答案】不合理。

（1）在消防水泵吸水管上设置有空气隔断的倒流防止器，不合理，应该在出水管上设置。

（2）消防水泵的出水管上设置的压力表量程为1.2 MPa，不合理，出水管压力表的最大量程不应低于其设计工作压力的2倍，且不应低于1.60 MPa。

（3）压力表的直径80 mm不合理，压力表的直径不应小于100 mm。

【解析】

（1）消防水泵吸水应符合下列规定：

1）消防水泵应采取自灌式吸水。

2）消防水泵从市政管网直接抽水时，应在消防水泵出水管上设置有空气隔断的倒流防止器。

3）当吸水口处无吸水井时，吸水口处应设置旋流防止器。

说明：本条第1款和第2款为强制性条文，必须严格执行。为保证消防水泵的及时正确启动，本条对消防水泵的吸水、吸水口，以及从市政给水管网直接吸水作了技术规定。

火灾的发生是不定时的，为保证消防水泵随时启动并可靠供水，消防水泵应经常充满水，以保证及时启动供水，所以消防水泵应自灌吸水。

消防水泵从市政管网直接吸水时为防止消防给水系统的水因背压高而倒灌，系统应设置倒流防止器。倒流防止器因构造原因致使水流紊乱，如果安装在水泵吸水管上，其紊乱的水流进入水泵后会增加水泵的气蚀以及局部真空度，对水泵的寿命和性能有极大的影响，为此倒流防止器应安装在水泵出水管上。

当消防水泵从消防水箱吸水时，因消防水箱无法设置吸水井，为减少吸水管的保护高度要求吸水管上设置防止旋流器，以提高消防水箱的储水有效量。

（2）消防水泵吸水管和出水管上应设置压力表，并应符合下列规定：

1）消防水泵出水管压力表的最大量程不应低于其设计工作压力的2倍，且不应低于1.60 MPa。

2）消防水泵吸水管宜设置真空表、压力表或真空压力表，压力表的最大量程应根据工程具体情况确定，但不应低于0.70 MPa，真空表的最大量程宜为 –0.10 MPa。

3）压力表的直径不应小于100 mm，应采用直径不小于6 mm的管道与消防水泵进出口管相接，并应设置关断阀门。

4.【参考答案】

（1）消防竖管维修时，关闭了两根不合理。室内消火栓竖管应保证检修管道时关闭停用的竖管不超过1根，只有当竖管超过4根时，才可关闭不相邻的2根。

（2）由于该建筑属于人员密集场所，还应该按照增设消防软管卷盘或轻便消防水龙。

【解析】根据《消防给水及消火栓系统技术规范》（GB 50974），室内消火栓环状给水管道检修时应符合下列规定：

（1）室内消火栓竖管应保证检修管道时关闭停用的竖管不超过 1 根，当竖管超过 4 根时，可关闭不相邻的 2 根；

（2）每根竖管与供水横干管相接处应设置阀门。

人员密集的公共建筑、建筑高度大于 100 m 的建筑和建筑面积大于 200 m^2 的商业服务网点内应设置消防软管卷盘或轻便消防水龙。高层住宅建筑的户内宜配置轻便消防水龙。

说明：消防软管卷盘和轻便消防水龙是控制建筑物内固体可燃物初起火的有效器材，用水量小、配备和使用方便，适用于非专业人员使用。本条结合建筑的规模和使用功能，确定了设置消防软管卷盘和轻便消防水龙的范围，以方便建筑内的人员扑灭初起火时使用。

第四题

1.【参考答案】

（1）仓库内的防火分区之间必须采用防火墙分隔，而不能采用防火卷帘。

（2）办公室、休息区与仓库的防火间隔，不合理。该仓库为丙类仓库，应采用耐火极限不低于 2.50 h 的防火隔墙和 1.00 h 的楼板与库房隔开，并应设置独立的安全出口。

【解析】《建筑设计防火规范》（GB 50016）规定：仓库内的防火分区之间必须采用防火墙分隔，甲、乙类仓库内防火分区之间的防火墙不应开设门、窗、洞口；地下或半地下仓库（包括地下或半地下室）的最大允许占地面积，不应大于相应类别地上仓库的最大允许占地面积。

《建筑设计防火规范》（GB 50016）规定：办公室、休息室设置在丙、丁类仓库内时，应采用耐火极限不低于 2.50 h 的防火隔墙和 1.00 h 的楼板与其他部位分隔，并应设置独立的安全出口。隔墙上需开设相互连通的门时，应采用乙级防火门。

2.【参考答案】地下防火分区面积不符合要求。地下防火分区面积最大应为 600 m^2，故地下应划分为至少 3 个防火分区。

3.【参考答案】值班宿舍设置在仓库内，不合理。员工宿舍严禁设置在仓库内。

【解析】《建筑设计防火规范》（GB 50016）规定：员工宿舍严禁设置在仓库内。

4.【参考答案】

（1）地下仓库设置一个安全出口，不合理，因为建筑面积超过 100 m^2，应至少设置两个安全出口。

（2）首层靠墙的内侧采用推拉门，不合理，应在外侧设置推拉门。

【解析】《建筑设计防火规范》（GB 50016）规定：地下或半地下仓库（包括地下或半地下室）的安全出口不应少于 2 个；当建筑面积不大于 100 m^2 时，可设置 1 个安全出口。地下或半地下仓库（包括地下或半地下室），当有多个防火分区相邻布置并采用防火墙分隔时，每个防火分区可利用防火墙上通向相邻防火分区的甲级防火门作为第二安全出口，但每个防火分区必须至少有 1 个直通室外的安全出口。

建筑内的疏散门应符合下列规定：仓库的疏散门应采用向疏散方向开启的平开门，但丙、丁、戊类仓库首层靠墙的外侧可采用推拉门或卷帘门。

说明：考虑到仓库内的人员一般较少且门洞较大，故规定门设置在墙体的外侧时允许采用推拉门或卷帘门，但不允许设置在仓库外墙的内侧，以防止因货物翻倒等原因压住或阻碍而无法开启。对于甲、乙类仓库，因火灾时的火焰温度高、火灾蔓延迅速，甚至会引起爆炸，故强调甲、乙类仓库不应采用侧拉门或卷帘门。

5.【参考答案】

（1）屋面外保温防护层厚度 5 mm 不符合要求，应至少为 10 mm。

（2）屋面与外墙之间采用宽度 300 mm 的不燃材料设置防火隔离带进行分隔不符合要求，应为 500 mm。

【解析】《建筑设计防火规范》（GB 50016）规定：建筑的屋面外保温系统，当屋面板的耐火极限不低于 1.00 h 时，保温材料的燃烧性能不应低于 B_2 级；当屋面板的耐火极限低于 1.00 h 时，不应低于 B_1 级。采用 B_1、B_2 级保温材料的外保温系统应采用不燃材料作防护层，防护层的厚度不应小于 10 mm。

当建筑的屋面和外墙外保温系统均采用 B_1、B_2 级保温材料时，屋面与外墙之间应采用宽度不小于 500 mm 的不燃材料设置防火隔离带进行分隔。

第五题

1.【参考答案】

（1）双电源切换控制箱安装在一层低压配电室，不符合要求，应设置在最末级配电箱。

（2）供电回路上设置剩余电流电气火灾探测器，不符合要求。

（3）火灾报警控制器显示 12 只感烟探测器被屏蔽（洗衣房 2 只，其他楼层 10 只），1 只防火阀模块故障，不符合要求。

（4）切断控制器与备用电源之间的连接，控制器无异常显示，不符合要求。

（5）测试 8 只感烟探测器，6 只正常报警，2 只不报警，试验过程中控制器出现重启现象，继续试验报警功能，控制器关机，不符合要求。

（6）消防联动控制器发出了同时启动 5 个排烟阀和 5 个送风阀的控制信号，控制器显示了 3 个排烟阀和 5 个送风阀的开启反馈信号，不符合要求。

（7）洗衣房用感烟探测器错误。

【解析】

（1）消防控制室、消防水泵房、防烟和排烟风机房的消防用电设备及消防电梯等的供电，应在其配电线路的最末一级配电箱处设置自动切换装置。

说明：本条为强制性条文。本条要求也是保证消防用电供电可靠性的一项重要措施。本条规定的最末一级配电箱：对于消防控制室、消防水泵房、防烟和排烟风机房的消防用电设备及消防电梯等，为上述消防设备或消防设备室处的最末级配电箱；对于其他消防设备用电，如消防应急照明和疏散指示标志等，为这些用电设备所在防火分区的配电箱。

（2）《火灾自动报警系统设计规范》（GB 50116）规定：剩余电流式电气火灾监控探测器不宜设置在 IT 系统的配电线路和消防配电线路中。

说明：剩余电流式电气火灾监控探测器在无地线的供电线路中不能正确探测，不适合使用；而消防供电线路由于其本身要求较高，且平时不用，因此也没必要设置剩余电流式电气火灾监控探测器。

火灾自动报警系统主电源不应设置剩余电流动作保护和过负荷保护装置。

说明：剩余电流动作保护和过负荷保护装置一旦报警会自动切断电源，因此火灾自动报警系统主电源不应采用剩余电流动作保护和过负荷保护装置保护。

（3）使控制器与备用电源之间的连线断路和短路，控制器应在 100 s 内发出故障信号。

（4）采用专用的检测仪器或模拟火灾的方法，逐个检查每只火灾探测器的报警功能，探测器应能发出火灾报警信号。

（5）送风口、排烟口、排烟窗或排烟阀开启和关闭的动作信号，防烟、排烟风机启动和停止及电动防火阀关闭的动作信号，均应反馈至消防联动控制器。

（6）根据《火灾自动报警系统设计规范》（GB 50116），感烟探测器不适宜有大量粉尘、水雾滞留的场所。

2.【参考答案】

（1）排烟阀控制模块出现故障。

（2）排烟阀与输入模块之间线路出现故障。

（3）排烟阀本身出现故障。

（4）排烟阀未通电。

（5）排烟阀被外部结构或障碍物阻挡无法正常打开。

3.【参考答案】

（1）A 防护区正常。

（2）B 防护区不正常。按下 B 防护区内 1 只火灾手动报警按钮，测量气体火灾控制器输出端电压，25 s 后电压为 24 V，说明一只手动报警按钮就启动，触发气体灭火联动控制功能的可以为两只探测器信号或一个探测器加一只手动报警按钮信号。不能只按下 1 只手动报警按钮就构成联动触发条件，控制器启动输出端电压应一直为 0 V。

（3）C 防护区不正常。因为按下相对应的停止按钮，测量气体灭火控制器启动输出端电压，25 s 后电压为 24 V，说明 25 s 后喷气，不符合要求，系统应当停止启动。

【解析】

（1）气体灭火控制器、泡沫灭火控制器直接连接火灾探测器时，气体灭火系统、泡沫灭火系统的自动控制方式应符合下列规定：应由同一防护区域内两只独立的火灾探测器的报警信号、一只火灾探测器与一只手动火灾报警按钮的报警信号或防护区外的紧急启动信号，作为系统的联动触发信号，探测器的组合宜采用感烟火灾探测器和感温火灾探测器，各类探测器应按规定分别计算保护面积。

说明：本条规定了气体灭火控制器、泡沫灭火控制器直接连接火灾探测器时，气体灭火系统、泡沫灭火系统的自动控制方式的联动控制设计要求。气体灭火系统、泡沫灭火系统防护区域内设置的火灾探测器报警的可靠性非常重要。因此，电子计算机机房和电子信息系统机房等采用气体灭火系统、泡沫灭火系统防护的场所通常设置两种火灾探测器，即感烟火灾探测器和感温火灾探测器组成“与”逻辑作为系统的联动触发信号，这样设置的目的是提高系统动作的可靠性，将误触发率降低至最小。感烟火灾探测器报警，表示有火灾发生，感温火灾探测器报警，表示火灾已经发展到一定程度了，应该启动气体灭火装置、泡沫灭火装置实施灭火。对于有人确认火灾的场所，也可采用同一区域内的一只火灾探测器及一只手动报警按钮的报警信号组成“与”逻辑作为联动触发信号。

（2）气体灭火系统、泡沫灭火系统的手动控制方式应符合下列规定：气体灭火控制器、泡沫灭火控制器上应设置对应于不同防护区的手动启动和停止按钮，手动启动按钮按下时，气体灭火控制器、泡沫灭火控制器应执行符合规定的联动操作；手动停止按钮按下时，气体灭火控制器、泡沫灭火控制器应停止正在执行的联动操作。

4.【参考答案】不正确。更换后管道要进行强度试验和严密性试验。

【解析】《气体灭火系统施工及验收规范》（GB 50263—2007）规定：气体驱动装置的管道安装后应做气压严密性试验，并合格。

说明：通常气动驱动装置的出口与灭火剂储存容器的容器阀及防护区或保护对象的选择阀直接相连，若有泄漏，驱动气体的压力有可能低于打开选择阀和容器阀的所需的压力，导致打不开选择阀和容器阀。故需要在安装后做气压严密性试验。

灭火剂输送管道安装完毕后，应进行强度试验和气压严密性试验，并合格。

第六题

1.【参考答案】甲醇合成厂房火灾危险性为甲类，耐火等级不应低于二级。本题中，屋顶承重构件采用耐火极限 0.5 h 的难燃性材料，不符合要求。二级耐火等级除了吊顶为难燃性外其他构件均为不燃性构件，该厂房的屋顶承重构件应采用耐火极限不低于 1.0 h 的不燃性构件。

2.【参考答案】

（1）本题中，甲醇厂房东侧外墙水平距离 25 m 处有一间二级耐火等级的燃煤锅炉房，不符合要求。甲醇厂房与锅炉房的防火间距不应小于 30 m。

（2）本题中，防火堤外侧基脚线与厂房北侧外墙水平距离为 7 m，不符合要求。防火堤外侧基脚线与厂房北侧外墙水平距离不应小于 10 m。

【解析】甲类厂房与重要公共建筑的防火间距不应小于 50 m，与明火或散发火花地点的防火间距不应小于 30 m。

说明：本条为强制性条文。甲类厂房的火灾危险性大，且以爆炸火灾为主，破坏性大，故将其与重要公共建筑和明火或散发火花地点的防火间距作为强制性要求。

储罐防火堤外侧基脚线至相邻建筑的距离不应小于 10 m。

3.【参考答案】

（1）该厂房地下 1 层、地上 2 层（局部 3 层），不符合要求。甲类厂房不允许设置在地下或半地下；甲类厂房宜设置单层。

（2）该厂房内一层布置了变、配电站，不符合要求。甲类厂房内不应设置变配电站，供该厂房专用的 10 kV 以下专用变配电站采用无门窗洞口的防火墙可与厂房一面贴邻。

（3）该厂房内一层布置了办公室和休息室，与其他部位之间均设置了耐火极限不低于

4.00 h 的防火墙，不符合要求。甲类厂房不应设置办公室、休息室，确需贴邻时，耐火极限不应低于二级，且采用耐火极限不低于 3.0 h 的防爆墙与厂房分隔，且应设置独立的安全出口。

（4）本题中，顶层局部厂房临时改为员工宿舍，不符合要求。甲类厂房内严禁设置员工宿舍。

【解析】

（1）甲类厂房宜设置单层。

甲、乙类生产场所（仓库）不应设置在地下或半地下。

（2）变、配电站不应设置在甲、乙类厂房内或贴邻，且不应设置在爆炸性气体、粉尘环境的危险区域内。供甲、乙类厂房专用的 10 kV 及以下的变、配电站，当采用无门、窗、洞口的防火墙分隔时，可一面贴邻，并应符合现行国家标准《爆炸危险环境电力装置设计规范》GB 50058 等标准的规定。

乙类厂房的配电站确需在防火墙上开窗时，应采用甲级防火窗。

说明：本条为强制性条文。本条规定了变、配电站与甲、乙类厂房之间的防火分隔要求。运行中的变压器存在燃烧或爆裂的可能，易导致相邻的甲、乙类厂房发生更大的次生灾害，故需考虑采用独立的建筑并在相互间保持足够的防火间距。如果生产上确有需要，可以设置一个专为甲类或乙类厂房服务的 10 kV 及 10 kV 以下的变电站、配电站，在厂房的一面外墙贴邻建造，并用无门窗洞口的防火墙隔开。条文中的“专用”，是指该变电站、配电站仅向与其贴邻的厂房供电，而不向其他厂房供电。

对于乙类厂房的配电站，如氨压缩机房的配电站，为观察设备、仪表运转情况而需要设观察窗时，允许在配电站的防火墙上设置采用不燃材料制作并且不能开启的防火窗。

（3）办公室、休息室等不应设置在甲、乙类厂房内，确需贴邻本厂房时，其耐火等级不应低于二级，并应采用耐火极限不低于 3.00 h 的防爆墙与厂房分隔，且应设置独立的安全出口。

说明：甲、乙类生产过程中发生的爆炸，冲击波有很大的摧毁力，用普通的砖墙很难抗御，即使原来墙体耐火极限很高，也会因墙体破坏失去防护作用。为保证人身安全，要求有爆炸危险的厂房内不应设置休息室、办公室等，确因条件限制需要设置时，应采用能够抵御相应爆炸作用的墙体分隔。

防爆墙为在墙体任意一侧受到爆炸冲击波作用并达到设计压力时，能够保持设计所要求的防护性能的实体墙体。防爆墙的通常做法有钢筋混凝土墙、砖墙配筋和夹砂钢木板。防爆墙的设计，应根据生产部位可能产生的爆炸超压值、泄压面积大小、爆炸的概率，结合工艺和建筑中采取的其他防爆措施与建造成本等情况综合考虑进行。

4.【参考答案】厂房居中位置设置一部连通各层的敞开楼梯，不符合要求。

解决方案：该厂房每层划分一个防火分区，应当至少设置两个安全出口或疏散楼梯；安全出口要分散设置，其相邻两个安全出口最近边缘之间的距离不应小于 5 m。该甲类厂房为多层厂房，应采用封闭楼梯间或室外楼梯（或防烟楼梯间）。

【解析】高层厂房和甲、乙、丙类多层厂房的疏散楼梯应采用封闭楼梯间或室外楼梯。

建筑高度大于 32 m 且任一层人数超过 10 人的厂房，应采用防烟楼梯间或室外楼梯。

说明：本条为强制性条文。本条规定了各类厂房疏散楼梯的设置形式。

高层厂房和甲、乙、丙类厂房火灾危险性较大，高层建筑发生火灾时，普通客（货）用电梯无防烟、防火等措施，火灾时不能用于人员疏散使用，楼梯是人员的主要疏散通道，要保证疏散楼梯在火灾时的安全，不能被烟或火侵袭。对于高度较高的建筑，敞开式楼梯间具有烟囱效应，会使烟气很快通过楼梯间向上扩散蔓延，危及人员的疏散安全。同时，高温烟气的流动也大大加快了火势蔓延，故作本条规定。

厂房与民用建筑相比，一般层高较高，四、五层的厂房，建筑高度即可达 24 m，而楼梯的习惯做法是敞开式。同时考虑到有的厂房虽高，但人员不多，厂房建筑可燃装修少，故对设置防烟楼梯间的条件作了调整，即如果厂房的建筑高度低于 32 m，人数不足 10 人或只有 10 人时，可以采用封闭楼梯间。

5.【参考答案】

（1）问题：甲醇合成厂房采用砖混结构。

解决方案：甲醇合成厂房宜采用钢筋混凝土或钢框架、排架结构。

（2）问题：该厂房与相邻厂房相连通的管、沟采取了通风措施，下水道设置了水封设施，不符合要求。

甲醇合成厂房，其管、沟不应与相邻厂房的管、沟相通，下水道应设置隔油设施。

（3）问题：该厂房地面采用水泥地面，地表面涂刷醇酸油漆，不符合规定。

解决方案：应采用不发火花地面。

【解析】

（1）有爆炸危险的甲、乙类厂房宜独立设置，并宜采用敞开或半敞开式。其承重结构宜采用钢筋混凝土或钢框架、排架结构。

（2）使用和生产甲、乙、丙类液体的厂房，其管、沟不应与相邻厂房的管、沟相通，下水道应设置隔油设施。

说明：本条为强制性条文。使用和生产甲、乙、丙类液体的厂房，发生事故时易造成液体在地面流淌或滴漏至地下管沟里，若遇火源即会引起燃烧或爆炸，可能影响地下管沟行经的区域，危害范围大。甲、乙、丙类液体流入下水道也易造成火灾或爆炸。为避免殃及相邻厂房，规定管、沟不应与相邻厂房相通，下水道需设隔油设施。

但是，对于水溶性可燃、易燃液体，采用常规的隔油设施不能有效防止可燃液体蔓延与流散，而应根据具体生产情况采取相应的排放处理措施。

消防安全案例分析
模拟测试（五）参考答案及解析

第一题

1.【参考答案】BDE

【解析】

（1）火灾延续时间是水灭火设施达到设计流量的供水时间。根据该题的背景资料，并不能判断消火栓系统的火灾延续时间。自动喷水灭火系统的持续喷水时间应按火灾延续时间不小于 1 h 确定。根据本题题意，自动喷水灭火系统的火灾延续时间为 1 h。

如果火灾延续时间为 2 h，则消防水池有效容积为 $40\times3.6\times2+40\times3.6\times1=432\ m^3$。如果火灾延续时间为 3 h，则消防水池有效容积为 $40\times3.6\times3+40\times3.6\times1=576\ m^3$。故从多选题的角度考虑，选项 A 不应选。

（2）消防水池应设置就地水位显示装置，并应在消防控制中心或值班室等地点设置显示消防水池水位的装置，同时应有最高和最低报警水位。

说明：消防水池设置各种水位的目的是保证消防水池不因放空或各种因素漏水而造成有效灭火水源不足的技术措施。

（3）消防控制室或值班室，应具有下列控制和显示功能：消防控制柜或控制盘应能显示消防水池、高位消防水箱等水源的高水位、低水位报警信号，以及正常水位。

说明：消防水源是灭火必需的，有些火灾导致成灾主要是因为没有水，如某东北省会城市汽配城屋顶消防水箱没水而烧毁，北京某家具城消防水池没水而烧毁，因此，要求对消防水源的水位进行检测。当水位下降或溢流时能及时采取补水和维修进水阀等。

故选项 B、D、E 正确。

（4）每月应对消防水池、高位消防水池、高位消防水箱等消防水源设施的水位等进行一次检测；消防水池（箱）玻璃水位计两端的角阀在不进行水位观察时应关闭。故选项 C 错误。

2.【参考答案】ADE

【解析】消防水泵的自动启动需要消防水泵控制柜处于自动状态。如果消防水泵控制柜处于手动起泵状态，则必须由相关人员在现场启动，故选项 A 正确。

联动控制方式应由消火栓系统出水干管上设置的低压压力开关、高位消防水箱出水管上设置的流量开关或报警阀压力开关等信号作为触发信号，直接控制启动消火栓泵，联动控制不应受消防联动控制器处于自动或手动状态影响。当设置消火栓按钮时，消火栓按钮的动作信号应作为报警信号及启动消火栓泵的联动触发信号，由消防联动控制器联动控制消火栓泵的启动。

消防水泵控制柜应设置在消防水泵房或专用消防水泵控制室内，并应符合下列要求：①消防水泵控制柜在平时应使消防水泵处于自动启泵状态；②当自动水灭火系统为开式系统，且设置自动启动确有困难时，经论证后消防水泵可设置在手动启动状态，并应确保 24 h 有人工值班。消防水泵应由消防水泵出水干管上设置的压力开关、高位消防水箱出水管上的流量开关，或报警阀压力开关等开关信号应能直接自动启动消防水泵。消防水泵房内的压力开关宜引入消防水泵控制柜内。

消火栓泵的启动与否，不受消防联动控制器处于自动或手动状态影响，故不选择 B、C。

另外，消防水泵的控制线路故障，消防水泵的电源处于关闭状态显然也无法启动消防泵，故选项 D、E 正确。

3.【参考答案】BCD

【解析】设置稳压泵的临时高压消防给水系统应设置防止稳压泵频繁启停的技术措施，当采用气压水罐时，其调节容积应根据稳压泵启泵次数不大于 15 次 /h 计算确定，但有效储水容积不宜小于 150 L。故选项 A 错误，选项 C 正确。

工作泵、备用泵、吸水管、出水管及出水管上的泄压阀、水锤消除设施、止回阀、信号阀等的规格、型号、数量，应符合设计要求；吸水管、出水管上的控制阀应锁定在常开位置，并应有明显标记。高位消防水箱的设置还应符合下列规定：当高位消防水箱在屋顶露天设置时，水箱的人孔以及进出水管的阀门等应采取锁具或阀门箱等保护措施。故选项 B 正确。

稳压泵吸水管应设置明杆闸阀，稳压泵出水管应设置消声止回阀和明杆闸阀。

设置明杆闸阀的主要目的是能非常直观地观察到阀门是否被误关闭，故选项 D 正确。

稳压泵应由消防给水管网或气压水罐上设置的稳压泵自动启停泵压力开关或压力变送器控制。系统平时由稳压泵稳压，发生泄漏时，系统压力下降，当气压罐压力降低到启泵压力时，稳压泵启动，系统压力开始上升，当压力上升到稳压泵停泵压力时，稳压泵停止。故稳压泵控制柜平时的状态是在开启和停止状态之间切换，故选项 E 错误。

4.【参考答案】ADE

【解析】高位消防水箱间应通风良好，不应结冰，当必须设置在严寒、寒冷等冬季结冰地区的非采暖房间时，应采取防冻措施，环境温度或水温不应低于 5℃。故选项 A 正确。

高位消防水箱应符合下列规定：

（1）进水管的管径应满足消防水箱 8 h 充满水的要求，但管径不应小于 DN32，进水管宜设置液位阀或浮球阀。故选项 B 错误。

（2）高位消防水箱出水管管径应满足消防给水设计流量的出水要求，且不应小于 DN100。故选项 C 错误。

5.【参考答案】BCD

【解析】室内消火栓栓口压力和消防水枪充实水柱，应符合下列规定：

高层建筑、厂房、库房和室内净空高度超过 8 m 的民用建筑等场所，消火栓栓口动压不应小于 0.35 MPa，且消防水枪充实水柱应按 13 m 计算；其他场所，消火栓栓口动压不应小于 0.25 MPa，且消防水枪充实水柱应按 10 m 计算。

本题建筑高度 169 m，地上 37 层，属于高层建筑，故屋顶试验消火栓栓口动压不应小于 0.35 MPa，充实水柱应按 13 m 计算。

消防控制室或值班室，应具有下列控制和显示功能：消防控制柜或控制盘应能显示消防水泵和稳压泵的运行状态。

说明：显示消防水泵和稳压泵运行状态是监视其运行，以确保消防给水的可靠性。

故选项 B、D 正确。

根据背景资料，打开试验消火栓时，消防控制室值班人员不清楚消防水泵和稳压泵的启动情况，有可能这两个泵都有故障。故检查人员应到中间消防水泵房确认高区消火栓加压泵的启动情况。故选项 C 正确。

6.【参考答案】CE

【解析】临时高压消防给水系统的高位消防水箱的有效容积应满足初期火灾消防用水量的要求，并应符合下列规定：当建筑高度大于 150 m 时，不应小于 100 m^3。故选项 E 正确，选项 B、D 错误。

采用消防水泵串联分区供水时，宜采用消防水泵转输水箱串联供水方式，并应符合下列规定：当采用消防水泵转输水箱串联时，转输水箱的有效储水容积不应小于 60 m^3，转输水箱可作为高位消防水箱。故选项 C 正确，选项 A 错误。

此处需要注意对比记忆减压水箱的容积，采用减压水箱减压分区供水时应符合下列规定：减压水箱的有效容积不应小于 18 m^3，且宜分为两格。

7.【参考答案】BCE

【解析】消防水泵不应设置自动停泵的控制功能，停泵应由具有管理权限的工作人员根据火灾扑救情况确定。本条为强制性条文，必须严格执行。

在以往的工程实践中发现，有的工程往往设置自动停泵控制要求，这样可能会造成火灾扑救的失败或挫折，因火场消防水源的供给有很多补水措施，并不是设计 1 ~ 6 h 火灾延续时间的供水后就没水了，如果突然自动关闭水泵也会给在现场火灾扑救的消防队员造成一定的危险，因此不允许消防自动停泵，只有有管理权限的人员根据火灾扑救情况确定消防水泵的停泵。故选项 A 错误。

消防控制室或值班室，应具有下列控制和显示功能：消防控制柜或控制盘应设置专用线路连接的手动直接启泵按钮。

说明：为保证消防控制室启泵的可靠性，规定采用硬拉线直接启动消防水泵，以最大可能地减少干扰和风险。而采用弱电信号总线制的方式控制，有可能使软件受病毒侵害等危险而导致无法动作。故选项 B 正确。

该建筑室内消火栓设计流量为 40 L/s，故选项 C 正确。

消防水泵应确保从接到启泵信号到水泵正常运转的自动启动时间不应大于 2 min。

说明：自动启动通常是信号发出到泵达到正常转速后的时间在 1 min 内，这包括最大泵的启动时间55 s，但如果工作泵启动到一定转速后因各种原因不能投入，备用泵要启动还需要1 min的时间，因此，自动启泵时间不应大于2 min是合理的，因电源的转换时间为2 s，因此，水泵自动启泵时间应以备用泵的启动时间计。故选项D错误。

消防水泵控制柜应设置机械应急启泵功能，并应保证在控制柜内的控制线路发生故障时由有管理权限的人员在紧急时启动消防水泵。机械应急启动时，应确保消防水泵在报警后5 min内正常工作。

说明：本条为强制性条文，必须严格执行。压力开关、流量开关等弱电信号和硬拉线是通过继电器自动启动消防泵的，如果弱电信号因故障或继电器等故障不能自动或手动启动消防泵时，应依靠消防泵房设置的机械应急启动装置启动消防泵。

当消防水泵控制柜内的控制线路发生故障而不能使消防水泵自动启动时，若立即进行排除线路故障的维修会受到人员素质、时间上的限制，所以在消防发生的紧急情况下是不可能进行的。为此本条的规定使得消防水泵只要在供电正常的条件下，无论控制线路如何都能强制启动，以保证火灾扑救的及时性。

该机械应急启动装置在操作时必须由被授权的人员来进行，且此时从报警到消防水泵的正常运转的时间不应大于5 min，这个时间可包含了管理人员从控制室至消防泵房的时间，以及水泵从启动到正常工作的时间。故选项E正确。

8.【参考答案】CE

【解析】消防水泵控制柜应采取防止被水淹没的措施。在高温潮湿环境下，消防水泵控制柜内应设置自动防潮除湿的装置。故选项B正确。

说明：消防水泵控制柜在泵房内给水管道漏水或室外雨水等原因而被淹没导致不能启泵供水，降低系统给水的可靠性；另外，因消防水泵经常不运行，在高温潮湿环境下，空气中的水蒸气在电器元器件上结露，从而影响控制系统的可靠性，因此要求采取防潮的技术措施。

消防水泵控制柜设置在专用消防水泵控制室时，其防护等级不应低于IP30；与消防水泵设置在同一空间时，其防护等级不应低于IP55。因为高区消火栓加压泵控制柜与消防水泵布置在同一房间，故防护等级不应低于IP 55，故选项C错误。

消防水泵控制柜应有显示消防水泵工作状态和故障状态的输出端子及远程控制消防水泵启动的输入端子。控制柜应具有自动巡检可调、显示巡检状态和信号等功能，且对话界面应有汉语语言，图标应便于识别和操作。故选项D正确。

对于选项E，严格来讲，控制柜对话界面英汉双语语言也是可以的，但如果不选E，则此题只有一个正确答案。故选项E错误。

9.【参考答案】BD

【解析】水源的维护管理应符合下列规定：每月应对消防水池、高位消防水池、高位消防水箱等消防水源设施的水位等进行一次检测；消防水池（箱）玻璃水位计两端的角阀在不进行水位观察时应关闭。故选项A错误，应为每月。

消防水泵和稳压泵等供水设施的维护管理应符合下列规定：①每月应手动启动消防水泵运转一次，并应检查供电电源的情况；②每周应模拟消防水泵自动控制的条件自动启动消防水泵运转一次，且应自动记录自动巡检情况，每月应检测记录。故选项 B 正确，选项 C 错误，应为每周。

阀门的维护管理应符合下列规定：系统上所有的控制阀门均应采用铅封或锁链固定在开启或规定的状态，每月应对铅封、锁链进行一次检查，当有破坏或损坏时应及时修理更换。故选项 D 正确。

消防水泵和稳压泵等供水设施的维护管理应符合下列规定：每日应对稳压泵的停泵启泵压力和启泵次数等进行检查和记录运行情况。故选项 E 错误，应为每日。

第二题

1.【参考答案】ABCD

【解析】冷库、低温环境生产场所采用泡沫塑料等可燃材料作墙体内的绝热层时，宜采用不燃绝热材料在每层楼板处做水平防火分隔。防火分隔部位的耐火极限不应低于楼板的耐火极限。冷库阁楼层和墙体的可燃绝热层宜采用不燃性墙体分隔。

冷库、低温环境生产场所采用泡沫塑料作内绝热层时，绝热层的燃烧性能不应低于 B_1 级，且绝热层的表面应采用不燃材料做防护层。

冷库的库房与加工车间贴邻建造时，应采用防火墙分隔，当确需开设相互连通的开口时，应采取防火隔间等措施进行分隔，隔间两侧的门应为甲级防火门。当冷库的氨压缩机房与加工车间贴邻时，应采用不开门窗洞口的防火墙分隔。

选项 A，火灾是由冷风机供电线路接头处过热短路引燃墙面聚氨酯泡沫保温材料所致，因此存在电气线路方面的火灾隐患。

选项 B，冷库的库房与加工车间贴邻建造时，应采用防火墙分隔。本题生产车间采用聚苯乙烯夹心彩钢板进行防火分隔，不符合规范要求。

选项 C，起火的保鲜恒温库为单层砖混结构，吊顶和墙面均采用聚苯乙烯板，在聚苯乙烯板外表面直接喷涂聚氨酯泡沫。在耐火等级上存在问题。

选项 D，该企业无应急照明和疏散指示标志，部分疏散门采用卷帘门。起火时，南侧的安全出口被锁闭。故安全疏散方面存在问题。

选项 E，根据背景介绍，车间按国家标准配置了灭火器材，故不选选项 E。

2.【参考答案】BCD

【解析】单位应当将容易发生火灾、一旦发生火灾可能严重危及人身和财产安全以及对消防安全有重大影响的部位确定为消防安全重点部位，设置明显的防火标志，实行严格管理。

消防安全重点单位应当进行每日防火巡查，并确定巡查的人员、内容、部位和频次。其他单位可以根据需要组织防火巡查。

消防安全基本情况应当包括以下内容：灭火和应急疏散预案。故选项 B、C、D 正确。

该企业应根据实际情况设置消防设施和防爆措施，选项 A、E 并不属于管理要求中的必备措施。

3.【参考答案】BDE

【解析】选项 A，当日值班人员事发时如果在岗，应该能指导和协助人员疏散，但并不一定是造成人员伤亡的主要因素，从多选题的角度考虑，选项 A 不应该选。

选项 B、D、E 都是直接造成人员伤亡的主要因素，如保温材料是易燃的，燃烧后产生有毒烟气，部分安全出口被封堵，导致人员无法疏散。员工未经过消防安全培训和疏散培训，也使在发生火灾时束手无策，导致伤亡。

选项 C，消防安全重点部位不明确与人员伤亡不一定有直接关系。

4.【参考答案】BCE

【解析】单位应当通过多种形式开展经常性的消防安全宣传教育。消防安全重点单位对每名员工应当至少每年进行一次消防安全培训。宣传教育和培训内容应当包括：

（1）有关消防法规、消防安全制度和保障消防安全的操作规程。

（2）本单位、本岗位的火灾危险性和防火措施。

（3）有关消防设施的性能、灭火器材的使用方法。

（4）报火警、扑救初起火灾以及自救逃生的知识和技能。

公众聚集场所对员工的消防安全培训应当至少每半年进行一次，培训的内容还应当包括组织、引导在场群众疏散的知识和技能。单位应当组织新上岗和进入新岗位的员工进行上岗前的消防安全培训。故选项 B、C、E 正确。

选项 A，消防技术规范一般是供消防设计人员参考使用，不属于对一般员工培训的内容。

选项 D，组织疏散逃生的知识和技能属于公众聚集场所对员工培训的内容，不属于公众聚集场所。

5.【参考答案】ACE

【解析】下列人员应当接受消防安全专门培训：

（1）单位的消防安全责任人、消防安全管理人；

（2）专、兼职消防管理人员；

（3）消防控制室的值班、操作人员；

（4）其他依照规定应当接受消防安全专门培训的人员。

第（3）项人员应当持证上岗。

故选项 A、C、E 正确。选项 D 不一定属于依照规定应当接受消防安全专门培训的人员，从多选题的角度考虑，不选为妙。

6.【参考答案】BCE

【解析】单位应当按照国家有关规定，结合本单位的特点，建立健全各项消防安全制度和保障消防安全的操作规程，并公布执行。

单位消防安全制度主要包括以下内容：消防安全教育、培训；防火巡查、检查；安全疏散设施管理；消防（控制室）值班；消防设施、器材维护管理，火灾隐患整改；用火、用电安全管理；易燃易爆危险物品和场所防火防爆；专职消防队和志愿消防队的组织管理；灭火和应急疏散预案演练；燃气和电气设备的检查和管理（包括防雷、防静电）；消防安全工作考评和奖惩；其他必要的消防安全内容。故选项 B、C、E 正确。

选项 D 不属于消防安全制度。

7.【参考答案】BE

【解析】对下列违反消防安全规定的行为，单位应当责成有关人员当场改正并督促落实：

（1）违章进入生产、储存易燃易爆危险物品场所的；

（2）违章使用明火作业或者在具有火灾、爆炸危险的场所吸烟、使用明火等违反禁令的；

（3）将安全出口上锁、遮挡，或者占用、堆放物品影响疏散通道畅通的；

（4）消火栓、灭火器材被遮挡影响使用或者被挪作他用的；

（5）常闭式防火门处于开启状态，防火卷帘下堆放物品影响使用的；

（6）消防设施管理、值班人员和防火巡查人员脱岗的；

（7）违章关闭消防设施、切断消防电源的；

（8）其他可以当场改正的行为。

违反上述规定的情况以及改正情况应当有记录并存档备查。

选项 A、C 在案例背景中并未提及。

8.【参考答案】BDE

【解析】消防安全重点单位制定的灭火和应急疏散预案应当包括下列内容：

（1）组织机构，包括灭火行动组、通信联络组、疏散引导组、安全防护救护组；

（2）报警和接警处置程序；

（3）应急疏散的组织程序和措施；

（4）扑救初起火灾的程序和措施；

（5）通信联络、安全防护救护的程序和措施。

选项 A 中提及的领导机构及其职责是否是该条第一个提到的组织机构，有一定争议，从多选题得分角度考虑，建议不选。

9.【参考答案】ACE

【解析】单位发生火灾时，应当立即实施灭火和应急疏散预案，务必做到及时报警，迅速扑救火灾，及时疏散人员。邻近单位应当给予支援。任何单位、人员都应当无偿为报火警提供便利，不得阻拦报警。

选项 B、D 在背景资料中并未明确提及，可以不选。

第三题

1.【参考答案】根据题目背景描述，该大型商业综合体对多个产权（使用）单位的消防安全管理既存在合理的地方，也存在不合理的地方。

（1）合理部分：《中华人民共和国消防法》第十八条规定，同一建筑物有两个以上单位管理或者使用的，应当明确各方的消防安全责任，并确定责任人对共用的疏散通道、安全出口、建筑消防设施和消防车通道进行统一管理。题干对此做了说明。

（2）不合理部分：根据《中华人民共和国消防法》，单位应明确法定代表人为消防安全责任人，建立消防安全管理档案，确立消防安全重点部位。

2.【参考答案】火灾发生时，消防控制室的值班人员按照下列应急程序处置火灾：

（1）消防控制室（共 2 名值班人员）接到保安报警，不应向经理报告，而是应立即以最快方式确认火灾。

（2）火灾确认后，值班人员立即确认火灾报警联动控制开关处于自动控制状态，同时拨打“119”报警电话；报警时需要说明着火单位地点、起火部位、着火物种类、火势大小、报警人姓名和联系电话等。

（3）值班人员立即启动单位应急疏散和初期火灾扑救灭火预案，同时报告单位消防安全负责人。

【解析】消防控制室的值班应急程序应符合下列要求：

（1）接到火灾警报后，值班人员应立即以最快方式确认。

（2）火灾确认后，值班人员应立即确认火灾报警联动控制开关处于自动状态，同时拨打“119”报警，报警时应说明着火单位地点、起火部位、着火物种类、火势大小、报警人姓名和联系电话。

（3）值班人员应立即启动单位内部应急疏散和灭火预案，并同时报告单位负责人。

3.【参考答案】施工人员进场前，施工现场的消防安全管理人员应向施工人员进行消防安全教育和培训。防火安全教育和培训应包括下列内容：

（1）施工现场消防安全管理制度、防火技术方案、灭火及应急疏散预案的主要内容；

（2）施工现场临时消防设施的性能及使用、维护方法；

（3）扑灭初起火灾及自救逃生的知识和技能；

（4）报火警、接警的程序和方法。

4.【参考答案】火灾隐患有以下几个方面：

（1）起火点装修现场采用木质胶合板与相邻区域隔离。

（2）现场无序堆放了大量的木质装修材料、油漆及有机溶剂等。

（3）现场的火灾探测器因频繁误报在火灾报警控制器上被屏蔽。

（4）二层的自动喷水灭火系统配水管控制阀因喷头漏水被关闭。

（5）起火现场安全监护人员脱岗。

（6）装修现场管理混乱，缺少消防安全防护措施。

（7）电焊作业和油漆作业同时进行，且没有采取有效的隔离措施。

5.【参考答案】整改过程中存在以下三方面问题：

（1）保安在营业期间每 3 h 防火巡查 1 次应该改为“每 2 h 巡查一次”。

（2）火灾前 52 天组织的最近一次防火检查，应该改成“每月进行一次检查”。

（3）对于巡查和检查中发现的问题并未及时进行整改。

本案中，在检查中发现的商业区存在“楼梯间防火门未常闭”“有的商铺装修现场管理混乱，无消防安全防护措施”“二层多个商铺装修现场火灾探测器误报，喷头损坏漏水”3 项火灾隐患，均未进行有效整改。

第四题

1.【参考答案】火灾自动报警系统设置问题分析：任一台火灾报警控制器，其中每一总线回路连接设备的总数不宜超过 200 点，且应留有不少于额定容量 10% 的余量；题干每回路控制 210 点，超过了 200 点，故存在问题。

每只总线短路隔离器保护的火灾探测器、手动火灾报警按钮和模块等消防设备的总数不应超过 32 点；总线穿越防火分区时，应在穿越处设置总线短路隔离器，题干的每个隔离器保护 70 点，超过了 32 点。

改进措施：

（1）该控制器分为 3 个总线回路（每 2 层一个，每个控制回路控制 140 点）。

（2）每个楼层弱电井安装 3 只总线短路隔离器（$3\times32>70$）。

【解析】

（1）任一台火灾报警控制器所连接的火灾探测器、手动火灾报警按钮和模块等设备总数和地址总数，均不应超过 3 200 点，其中每一总线回路连接设备的总数不宜超过 200 点，且应留有不少于额定容量 10%的余量；任一台消防联动控制器地址总数或火灾报警控制器（联动型）所控制的各类模块总数不应超过 1 600 点，每一联动总线回路连接设备的总数不宜超过 100 点，且应留有不少于额定容量 10%的余量。

说明：多年来对各类建筑中设置的火灾自动报警系统的实际运行情况以及火灾报警控制器的检验结果统计分析表明，火灾报警控制器所连接的火灾探测器、控制和信号模块的地址总数量，应控制在总数低于 3 200 点，这样一来，系统的稳定工作情况及通信效果均能较好地满足系统设计的预计要求，并降低整体风险。

目前，国内外各厂家生产的火灾报警控制器，每台一般均有多个总线回路，对于每个回路所能连接的地址总数，规定为不宜超过 200 点。另外，要求每一总线回路连接设备的地址总数宜留有不少于其额定容量的 10%的余量，主要考虑到在许多建筑中，从初步设计到最终的装修设计，其建筑平面格局经常发生变化，若房间隔断改变和增加，需要增加相应的探测器或其他设备，同时留有一定的余量也有利于该回路的稳定与可靠运行。

本条主要考虑保障系统工作的稳定性、可靠性，对消防联动控制器所连接的模块地址数量作出限制，从总数量上限制为不应超过 1 600 点。对于每一个总线回路，限制为不宜超过 100 点，每一回路应留有不少于其额定容量的 10%的余量，除考虑系统工作的稳定、可靠性外，还可灵活应对建筑中相应的变化和修改，而不至于因为局部的变化需要增加总线回路。

（2）系统总线上应设置总线短路隔离器，每只总线短路隔离器保护的火灾探测器、手动火灾报警按钮和模块等消防设备的总数不应超过 32 点；总线穿越防火分区时，应在穿越处设置总线短路隔离器。

说明：本条规定了总线上设置短路隔离器的要求，规定每个短路隔离器保护的现场部件的数量不应超过 32 点，是考虑到一旦某个现场部件出现故障，短路隔离器在对故障部件进行隔离时，可以最大限度地保障系统的整体功能不受故障部件的影响。

本条是保证火灾自动报警系统整体运行稳定性的基本技术要求，短路隔离器是最大限度地保证系统整体功能不受故障部件影响的关键，所以将本条确定为强制性条文，必须严格执行。

2.【参考答案】充压压力不应大于 2.5 MPa，启动的 2 台灭火装置动作时差不得大于 2 s。

【解析】

（1）同一防护区内的预制灭火系统装置多于 1 台时，必须能同时启动，其动作响应时差不得大于 2 s。

说明：为确保有效地扑灭火灾，防护区内设置的多台预制灭火系统装置必须同时启动，其动作响应时间差也应有严格的要求，本条规定是经过多次相关试验所证实的。

（2）防护区内设置的预制灭火系统的充压压力不应大于 2.5 MPa。

说明：本条的规定是防止防护区内发生火灾时，较高充压压力的容器因升温过快而发生危险。

3.【参考答案】原因及解决措施：

（1）储存容器内压力不足；解决措施：对储存容器充压。

（2）瓶头阀损坏；解决措施：更换瓶头阀。

（3）驱动瓶组连接错误；解决措施：重新正确连接。

（4）连接管堵塞；解决措施：疏通连接管。

4.【参考答案】按点型感烟、感温火灾探测器的设置和安装要求：

（1）探测器至墙壁、梁边的水平距离，不应小于 0. 5 m；探测器周围水平距离 0.5 m 内，不应有遮挡物；探测器至空调送风口最近边的水平距离，不应小于 1. 5 m；至多孔送风顶棚孔口的水平距离，不应小于 0. 5 m。

（2）在宽度小于 3 m 的内走道顶棚上安装探测器时，宜居中安装。点型感温火灾探测器的安装间距不应超过 10 m；点型感烟火灾探测器的安装间距不应超过 15 m。探测器至端墙的距离，不应大于安装间距的 1/2。

（3）探测器宜水平安装，当确需倾斜安装时，倾斜角不应大于 45°。

（4）镂空面积与总面积的比例不大于 15% 时，探测器应设置在吊顶下方。

【解析】

（1）在宽度小于 3 m 的内走道顶棚上设置点型探测器时，宜居中布置。感温火灾探测器的安装间距不应超过 10 m；感烟火灾探测器的安装间距不应超过 15 m；探测器至端墙的距离，不应大于探测器安装间距的 1/2。

（2）点型探测器至墙壁、梁边的水平距离，不应小于 0.5 m。

说明：探测器至墙壁、梁边的水平距离不应小于 0.5 m，是为了保证探测器的可靠性。

（3）点型探测器周围 0.5 m 内，不应有遮挡物。

说明：本条规定是为了保证探测器可靠探测。

（4）点型探测器至空调送风口边的水平距离不应小于 1.5 m，并宜接近回风口安装。探测器至多孔送风顶棚孔口的水平距离不应小于 0.5 m。

说明：在设有空调的房间内，探测器不应安装在靠近空调送风口处。原因是气流影响燃烧粒子扩散，使探测器不能有效探测。此外，通过电离室的气流在某种程度上改变电离电流，可能导致离子感烟火灾探测器误报。

（5）点型探测器宜水平安装。当倾斜安装时，倾斜角不应大于45°。

探测器在顶棚上宜水平安装。当倾斜安装时，倾斜角 θ 不应大于45°。当倾斜角 θ 大于45°时，应加木台安装探测器。

（6）感烟火灾探测器在格栅吊顶场所的设置，应符合下列规定：

1）镂空面积与总面积的比例不大于15%时，探测器应设置在吊顶下方。

2）镂空面积与总面积的比例大于30%时，探测器应设置在吊顶上方。

3）镂空面积与总面积的比例为15%～30%时，探测器的设置部位应根据实际试验结果确定。

4）探测器设置在吊顶上方且火警确认灯无法观察时，应在吊顶下方设置火警确认灯。

5）地铁站台等有活塞风影响的场所，镂空面积与总面积的比例为30%～70%时，探测器宜同时设置在吊顶上方和下方。

第五题

1.【参考答案】

（1）250具灭火器统一送厂维修，超过了1/4的灭火器数量且未采用同类型的灭火器替代，不合理。

（2）所有灭火器箱上锁不合理，不应上锁。

（3）部分嵌墙式手提灭火器底部离地面的距离为1.5 m，不合理，应为顶部离地面的距离不大于1.5 m。

（4）磷酸铵盐灭火器和碳酸氢钠灭火器放在同一地点，且每个地点放置了6只灭火器，不合理；不能放在同一设置点，且每个设置点不宜超过5具灭火器。

（5）20具灭火器铭牌脱落送厂维修，不合理，应直接报废。

【解析】

（1）每次送修的灭火器数量不得超过计算单元配置灭火器总数量的1 / 4。超出时，应选择相同类型和操作方法的灭火器替代，替代灭火器的灭火级别不应小于原配置灭火器的灭火级别。

（2）灭火器箱不应被遮挡、上锁或拴系。

（3）嵌墙式灭火器箱及挂钩、托架的安装高度应满足手提式灭火器顶部离地面距离不大于1.50 m，底部离地面距离不小于0.08 m的规定。

（4）在同一灭火器配置单元内，采用不同类型灭火器时，其灭火剂应能相容。每个设置点的灭火器数量不宜多于5具。

（5）有下列情况之一的灭火器应报废：没有生产厂名称和出厂年月，包括铭牌脱落，或虽有铭牌，但已看不清生产厂名称，或出厂年月钢印无法识别。

2.【参考答案】

（1）设备层未设置室内消火栓，不合理。

（2）消防水带长度大于25 m，不合理。

【解析】室内消火栓的配置应符合下列要求：应配置 DN65 有内衬里的消防水带，长度不宜超过 25.0 m。设置室内消火栓的建筑，包括设备层在内的各层均应设置消火栓。

第六题

1.【参考答案】

该建筑为一类高层建筑，柱、梁的耐火极限分别为 2.5 h 和 1.5 h，不合理，应分别至少为 3.00 h 和 2.50 h。

2.【参考答案】

（1）地上一层消防控制室直通接待大厅，不合理；消防控制室的疏散门应直通室外或安全出口。

（2）地下一层汽车库与地上一层其他功能之间采用耐火极限为 1.50 h 的楼板分隔，不合理；设在建筑物内的汽车库（包括屋顶停车场）、修车库及其部位之间，应采用防火墙和耐火极限不低于 2.00 h 的不燃性楼板分隔。

（3）柴油发电机房布置在地下一层，不合理；柴油发电机房不应布置在人员密集场所的上一层、下一层或贴邻。

【解析】

（1）设置火灾自动报警系统和需要联动控制的消防设备的建筑（群）应设置消防控制室。消防控制室的设置应符合下列规定：

1）单独建造的消防控制室，其耐火等级不应低于二级。

2）附设在建筑内的消防控制室，宜设置在建筑内首层或地下一层，并宜布置在靠外墙部位。

3）不应设置在电磁场干扰较强及其他可能影响消防控制设备正常工作的房间附近。

4）疏散门应直通室外或安全出口。

（2）布置在民用建筑内的柴油发电机房应符合下列规定：

1）宜布置在首层或地下一、二层。

2）不应布置在人员密集场所的上一层、下一层或贴邻。

3）应采用耐火极限不低于 2.00 h 的防火隔墙和 1.50 h 的不燃性楼板与其他部位分隔，门应采用甲级防火门。

4）机房内设置储油间时，其总储存量不应大于 1 m^3，储油间应采用耐火极限不低于 3.00 h 的防火隔墙与发电机间分隔；确需在防火隔墙上开门时，应设置甲级防火门。

5）应设置火灾报警装置。

6）应设置与柴油发电机容量和建筑规模相适应的灭火设施，当建筑内其他部位设置自动喷水灭火系统时，机房内应设置自动喷水灭火系统。

（3）汽车库、修车库与其他建筑合建时，应符合下列规定：

1）当贴邻建造时，应采用防火墙隔开。

2）设在建筑物内的汽车库（包括屋顶停车场）、修车库与其他部位之间，应采用防火墙和耐火极限不低于 2.00 h 的不燃性楼板分隔。

3）汽车库、修车库的外墙门、洞口的上方，应设置耐火极限不低于 1.00 h、宽度不小于 1.0 m、长度不小于开口宽度的不燃性防火挑檐。

4）汽车库、修车库的外墙上、下层开口之间墙的高度，不应小于 1.2 m 或设置耐火极限不低于 1.00 h、宽度不小于 1.0 m 的不燃性防火挑檐。

3.【参考答案】

（1）面向中庭的房间，采用耐火极限不低于 1.0 h 的防火隔墙及耐火完整性不低于 1.0 h 的防火玻璃墙与中庭分隔不合理，中庭与周围连通空间应进行防火分隔：采用防火隔墙时，其耐火极限不应低于 1.00 h；采用防火玻璃墙时，其耐火隔热性和耐火完整性不应低于 1.00 h；采用耐火完整性不低于 1.00 h 的非隔热性防火玻璃墙时，应设置自动喷水灭火系统进行保护。

（2）防火隔墙设有火灾时自动关闭的乙级防火门不合理，与中庭相连通的门、窗，应采用火灾时能自行关闭的甲级防火门、窗。

（3）无车道且无人员停留的机械式立体汽车库，停车位数量为 132 辆，设置为一个区域，不合理；室内无车道且无人员停留的机械式汽车库，当停车数量超过 100 辆时，应采用无门、窗、洞口的防火墙分隔为多个停车数量不大于 100 辆的区域。

【解析】

（1）建筑内设置自动扶梯、敞开楼梯等上、下层相连通的开口时，其防火分区的建筑面积应按上、下层相连通的建筑面积叠加计算；当叠加计算后的建筑面积大于《建筑设计防火规范》第 5.3.1 条的规定时，应划分防火分区。

建筑内设置中庭时，其防火分区的建筑面积应按上、下层相连通的建筑面积叠加计算；当叠加计算后的建筑面积大于《建筑设计防火规范》第 5.3.1 条的规定时，应符合下列规定：

1）与周围连通空间应进行防火分隔：采用防火隔墙时，其耐火极限不应低于 1.00 h；采用防火玻璃墙时，其耐火隔热性和耐火完整性不应低于 1.00 h。采用耐火完整性不低于 1.00 h 的非隔热性防火玻璃墙时，应设置自动喷水灭火系统进行保护；采用防火卷帘时，其耐火极限不应低于 3.00 h；与中庭相连通的门、窗，应采用火灾时能自行关闭的甲级防火门、窗。

2）高层建筑内的中庭回廊应设置自动喷水灭火系统和火灾自动报警系统。

3）中庭应设置排烟设施。

4）中庭内不应布置可燃物。

（2）室内无车道且无人员停留的机械式汽车库，应符合下列规定：

1）当停车数量超过 100 辆时，应采用无门、窗、洞口的防火墙分隔为多个停车数量不大于 100 辆的区域，但当采用防火隔墙和耐火极限不低于 1.00 h 的不燃性楼板分隔成多个停车单元，且停车单元内的停车数量不大于 3 辆时，应分隔为停车数量不大于 300 辆的区域。

2）汽车库内应设置火灾自动报警系统和自动喷水灭火系统，自动喷水灭火系统应选用快速响应喷头。

3）楼梯间及停车区的检修通道上应设置室内消火栓。

4）汽车库内应设置排烟设施，排烟口应设置在运输车辆的通道顶部。

4.【参考答案】

（1）地下一层餐厅设置敞开楼梯间，不合理；室内地面与室外出入口地坪高差大于10 m或三层及以上的地下、半地下建筑（室），其疏散楼梯应采用防烟楼梯间。

（2）设备用房建筑面积600 m^2，划分为单独的防火分区，设置2个通向相邻防火分区的甲级防火门作为安全出口，不合理；建筑面积不大于1 000 m^2的防火分区，直通室外的安全出口不应少于1个。

（3）地上部分在建筑的两端设置了封闭楼梯间，不合理；该病房楼为一类高层公共建筑，其疏散楼梯应采用防烟楼梯间。

【解析】

（1）除通向避难层错位的疏散楼梯外，建筑内的疏散楼梯间在各层的平面位置不应改变。

除住宅建筑套内的自用楼梯外，地下或半地下建筑（室）的疏散楼梯间，应符合下列规定：室内地面与室外出入口地坪高差大于10 m或3层及以上的地下、半地下建筑（室），其疏散楼梯应采用防烟楼梯间；其他地下或半地下建筑（室），其疏散楼梯应采用封闭楼梯间。

（2）一、二级耐火等级公共建筑内的安全出口全部直通室外确有困难的防火分区，可利用通向相邻防火分区的甲级防火门作为安全出口，但应符合下列要求：

1）利用通向相邻防火分区的甲级防火门作为安全出口时，应采用防火墙与相邻防火分区进行分隔。

2）建筑面积大于1 000 m^2的防火分区，直通室外的安全出口不应少于2个；建筑面积不大于1 000 m^2的防火分区，直通室外的安全出口不应少于1个。

3）该防火分区通向相邻防火分区的疏散净宽度不应大于其按《建筑设计防火规范》（GB 50016）第5.5.21条规定计算所需疏散总净宽度的30%，建筑各层直通室外的安全出口总净宽度不应小于按照《建筑设计防火规范》（GB 50016）第5.5.21条规定计算所需疏散总净宽度。

（3）一类高层公共建筑和建筑高度大于32 m的二类高层公共建筑，其疏散楼梯应采用防烟楼梯间。

裙房和建筑高度不大于32 m的二类高层公共建筑，其疏散楼梯应采用封闭楼梯间。

说明：当裙房与高层建筑主体之间设置防火墙时，裙房的疏散楼梯可按有关单、多层建筑的要求确定。

5.【参考答案】

（1）避难间的建筑面积为45 m^2，不合理；避难间的净面积应按每个护理单元不小于25 m^2确定，该避难间服务于两个护理单元，故其净面积不应小于50 m^2（注意此处是净面积而不是建筑面积）。

（2）避难间采用乙级防火门与其他部位分隔，不合理；应采用甲级防火门与其他部位分隔。

（3）避难间设置可开启普通外窗，不合理；外窗应采用乙级防火窗。

（4）避难间的位置设置不合理；避难间应靠近楼梯间，该建筑在两侧设置楼梯间，避难间设置在中间位置，即远离楼梯间，设置位置不合理。

【解析】高层病房楼应在二层及以上的病房楼层和洁净手术部设置避难间。避难间应符合下列规定：

（1）避难间服务的护理单元不应超过 2 个，其净面积应按每个护理单元不小于 25.0 m^2 确定。

（2）避难间兼作其他用途时，应保证人员的避难安全，且不得减少可供避难的净面积。

（3）应靠近楼梯间，并应采用耐火极限不低于 2.00 h 的防火隔墙和甲级防火门与其他部位分隔。

（4）应设置消防专线电话和消防应急广播。

（5）避难间的入口处应设置明显的指示标志。

（6）应设置直接对外的可开启窗口或独立的机械防烟设施，外窗应采用乙级防火窗。